U0226901

基于系统原理的飞机系统测试诊断与预测技术

苏 艳 著

科学出版社

北 京

内 容 简 介

本书对飞机系统故障传播机理、故障测试诊断、故障诊断排故、故障状态识别与预测开展深入研究。基于飞机系统原理分析,结合功能结构树、多信号流模型理论、Petri 网、粒子群优化算法、遗传模糊神经网络等理论方法,全面深入地研究了基于系统原理与功能结构树的飞机系统故障传播关系、基于系统原理与多信号流的飞机系统测试性分析、基于系统原理和多信号流的飞机系统测试诊断、基于故障传播机理和 Petri 网的飞机系统故障诊断、基于系统原理和 TFM 三维信息流的飞机系统诊断排故、基于测试诊断模型的飞机系统故障状态识别和故障预测,提出了相应的模型理论、改进算法和优化策略,并通过实例分别验证了理论方法的可行性。

本书可作为从事航空器测试、诊断、预测或维修排故相关研究工作的科研人员以及在校学生的学习参考书,也可供工程技术人员和管理人员在开展测试性设计分析、故障诊断预测分析、维修排故时学习和参考。

图书在版编目(CIP)数据

基于系统原理的飞机系统测试诊断与预测技术/苏艳著. —北京:科学出版社, 2024.6
ISBN 978-7-03-077794-2

I. ①基… Ⅱ. ①苏… Ⅲ. ①飞机系统–系统测试 Ⅳ. ①V221

中国国家版本馆 CIP 数据核字(2024)第 021355 号

责任编辑:李涪汁 郑欣虹/责任校对:郝璐璐
责任印制:张 伟/封面设计:许 瑞

科学出版社 出版
北京东黄城根北街 16 号
邮政编码:100717
http://www.sciencep.com

北京九州迅驰传媒文化有限公司印刷
科学出版社发行 各地新华书店经销
*
2024 年 6 月第 一 版 开本:720×1000 1/16
2024 年 6 月第一次印刷 印张:12 3/4
字数:255 000
定价:119.00 元
(如有印装质量问题,我社负责调换)

前　言

飞机系统属于大型复杂系统,其故障具有复杂性、动态性等特性,一方面,日益复杂的结构和功能造成飞机测试性下降,导致高额的故障诊断和维护排故成本,另一方面,出于飞机可靠性和经济性的综合考虑,对飞机系统的故障诊断、隔离和趋势预测能力提出了更高的要求。因此,飞机系统测试诊断与预测技术成为提高现代飞机设计制造、健康管理和运行维护水平的关键。

本书全面介绍了基于系统原理的飞机系统测试性设计分析、故障诊断、故障预测和维修排故的基本方法和关键技术。主要内容包括六个方面:

(1) 针对飞机系统故障模式的层次属性及传播特点,应用功能故障分析 (functional failure analysis,FFA) 以及故障模式与影响分析 (failure mode and effects analysis,FMEA) 方法,研究飞机系统故障传播关系,给出基于系统原理与功能结构树的飞机系统故障传播关系分析原理、方法及故障传播知识表达。以某型飞机气源系统的分系统为例,分析了该分系统的典型故障模式及其传播层次关系,建立功能结构层次树,为后续的测试建模诊断方法奠定应用验证基础。

(2) 详细介绍了多信号流图测试性模型及其建模步骤,并以飞机气源系统为例详细介绍了模型要素的分析过程及模型建立过程,建立了某型飞机气源系统测试性模型;研究了基于故障-测试相关性矩阵的系统测试性分析问题,针对传统 D 矩阵存在的缺陷,提出了扩展 D 矩阵,并通过气源系统测试性模型有向图得到其扩展 D 矩阵;研究了系统测试策略优化问题,提出将具有全局最优性的离散粒子群优化 (discrete particle swarm optimization,DPSO) 算法同与或图的启发式搜索 (AO*) 算法相结合的方法,给出了 DPSO-AO* 算法的详细步骤,有效地改进 AO* 算法在运用于复杂系统时存在扩展节点规模庞大、效率不高的缺陷。

(3) 随着健康监测技术的发展,现代飞机的设计、安全和运维都对系统故障的可预测性提出了越来越高的要求,针对当前测试性模型在支持故障预测方面存在的局限性,在多信号流模型的基础上提出了一种测试诊断建模的新方法,在测试诊断模型中增加了更多真实系统的故障测试、诊断和预测的信息,研究了基于多值测试的诊断策略优化生成方法,并建立了多值测试的相关性矩阵;考虑到贪婪算法和全局寻优算法存在的不足,用预演 (rollout) 算法对基于信息熵的多值测试故障诊断策略生成算法进行改进以实现计算难度和结果精度之间的平衡;最后以发动机引气系统测试诊断为例进行建模和策略优化。研究给出的测试诊断模型理论方法，不仅使测试诊断模型能对系统的诊断预测能力进行评估优化，而且其模型信息能够更好地支持故障预测。

(4) 在传统的 Petri 网理论的基础上，将模糊 Petri 网和故障 Petri 网有效结合，提出了一种扩展染色模糊故障 Petri 网的故障诊断模型，即 CFFPN(colored fuzzy fault Petri net) 模型，研究了基于 CFFPN 模型的故障诊断算法。当系统没有故障时，该模型采用变迁点火判别矩阵和 MYCIN 置信度方法正向推理，用来推导故障征兆可能产生的一些故障现象，从而实现故障状态的智能评价；当系统有故障时，逆向推理过程中采用最小割集理论方法进行故障诊断，用来追溯导致该故障现象的故障源，辅助维修决策，从而提高系统的可靠性。考虑到 CFFPN 模型自学习能力问题，在诊断的基础上，进一步建立基于逆向传播 (back propagation，BP) 误差算法的 CFFPN 模型参数优化方法，并举例验证了该算法的可行性。将 CFFPN 模型应用于飞机系统的故障诊断，不仅解决了模糊 Petri 网不能很好地反映故障传播的特性以及故障定位难等问题，而且解决了故障 Petri 网不能确定故障发生的最大可能传播路径以及故障信息不确定等问题。

(5) 维修排故信息一般具有分布式、动态和异构的特点，为解决维修排故信息集成表达问题，研究给出一套基于功能结构的 TFM[测试 (testability，T)、故障 (fault，F)、维修 (maintenance，M)] 三维信息流建模方法，研究建立基于符号有向图 (signal directed graph，SDG) 的 TFM 框架模型、基于多信号流图的测试–故障关联矩阵以及基于贝叶斯网络的故障–维修信息映射关系模型；研究给出基于本体和蚁群的维修排故信息集成方法；研究基于 TFM 三维信息流模型的故障诊断推理方法，建立了基于优化信息熵的故障诊断算法；研究基于 TFM 三维信息流模型的维修排故方法，建立了基于模糊遗传神经网络的排故信息推送算法。用本体方法解决语义异构信息的集成问题，用基于蚁群信息素的本体合成优化算法，解决维修排故信息量庞大、本体构建困难的问题，从而提高本体构建的效率和准确度。

(6) 研究了基于测试诊断模型的故障状态识别与预测方法，详细介绍了用隐半马尔可夫模型 (hidden semi-Markov model，HSMM) 进行故障状态识别和故障预测的具体过程。用改进的粒子群优化算法对隐半马尔可夫模型的训练过程进行优化，提高了训练过程中的收敛能力，改善了隐半马尔可夫模型训练容易陷于局部极值的问题。最后对某型飞机引气系统的故障进行状态识别与预测，验证了方法的可行性。

本书适用于航空器设计、适航与安全管理、维修工程和综合保障等专业的本科生、研究生和工程技术人员，也可以为船舶、铁路、汽车等军民用装备领域从事可靠性、测试性、安全性、维修性、保障性等方面工作的工程人员提供参考。

为了形成本书的整体理论方法体系，部分章节参考引用了相关书籍和文献的相关基本理论方法，在此谨对其作者表示衷心的感谢。

同时感谢对本书编写出版提供大力支持、关心和帮助的所有老师、朋友以及作者的研究生们。感谢作者博士后期间的合作导师、南京航空航天大学民航学院左洪福教授，是他带作者进入了这个领域并开始了相关领域的科研和教学工作；感谢上海飞机客户服务有限公司对本书研究案例提供的支持；感谢课题组张蓉对第3章、第4章部分内容的研究支持，凌益琴对第2章、第5章部分内容的研究支持，王辉、顾晨轩对第6章部分内容的研究支持。

由于作者水平有限，书中可能存在不足之处，恳请读者指正。

苏　艳

2023 年 5 月于南京

目　　录

第1章 绪 论

1.1 概 述

伴随着航空技术的迅猛发展，如今全球的民航业正处于快速增长上升的时期。航班安全是全球民航业共同的追求目标，是民航业发展的立足之本，它不仅会影响到民航业的形象及经济利益，更重要的是它关乎乘客和机组人员的生命和财产安全。影响航班安全和按时起降的诸多因素包括天气、飞机系统故障、飞行员的素质、空管能力以及机场设施等，在这些因素当中，飞机系统故障因为相对频发且造成的危害较大，是其中的主要因素之一。随着现代化机械设备的复杂化和智能化的程度越来越高，设备的功能不断增加，单一因素对整个设备系统的影响也越来越大。复杂系统内一个小小的故障，也可能会产生类似多米诺骨牌的效应，最终导致整个系统失效，带来巨大的经济损失，甚至威胁人身安全。如美国的哥伦比亚号航天飞机，正是由于燃料箱外的一个碎块脱落，飞机直接爆炸解体，造成机上 7 名宇航员不幸罹难的严重后果。2015 年 2 月 4 日上午，中国台湾某航空公司的客机两个发动机同时故障熄火，导致飞机坠河，造成 43 人遇难和 15 人受伤。诸如此类的安全事件告诫我们，确保飞机系统的安全性和可靠性至关重要。民用飞机 (简称民机) 是由许多复杂系统构成的，飞机的正常运行需要各个系统之间相互配合完成，一旦出现系统故障，往往不是单一的原因，排查出故障源并解决故障需要各个专业的机务人员协同完成，需花费大量的人力、物力。

对于航空公司而言，在保障飞机安全运行的条件下尽可能降低运营成本，提高经济效益是其追求的目标，因此降低高额的诊断和维修成本是提高飞机经济性的重要途径之一 [1,2]。相关资料显示 [2]，航空公司的飞机使用维护成本一般占公司飞机总运营成本的 18% 左右，平均每年花费 31 亿美元用于飞机维修。对于民机这一大型复杂电子系统，想要进一步降低维护成本就必须具备快速准确地定位故障源的能力，减少不必要的测试诊断步骤，从而达到及时制定维修决策，增加机队运行时间的目标。为了掌握系统的状况，检测和诊断故障成为一项非常关键的工作。经过近几十年来相关领域的研究，故障诊断技术不断得到丰富和发展，根据系统内的故障状态，可采用不同的策略检测和隔离故障源，为维修提供准确的依据。在系统的设计阶段进行测试性设计，添加传感器和测试有利于系统故障诊断能力的提高，增加故障覆盖率，在此基础上通过优化故障诊断策略可以减少不必要的测试步骤以降低故障诊断成本。20 世纪 90 年代以来，人们从综合诊断的角度对测试性设计进行重新审视，逐渐认识到测试性实质上是系统设计的一个有机组成部分。而系统测试性分析与评估技术正是衡量系统或设备故障诊断的难易程度、可靠性和可维修性等性能的一项重要标准。它强调系统的测试是系统设计开发过程的一个重要约束，要求在设计早期把测试性设计到系统和设备中并评价其程度。然而，在实际应用中惯用的各诊断要素都是针对不同的装备和测试独立地进行处理，很少从系统的角度进行考虑，由此导致了测试装备数量和种类的增加，而且影响了装备全寿命周期内的维护质量和有效性 [3]。飞机系统的测试性下降，使飞机诊断和维修的难度大大提升，已经成为影响飞机系统全寿命周期费用的重要因素之一。

飞机系统由液压系统、飞行操纵系统、座舱环境控制系统、防冰防雨系统、气源系统等众多子系统组成，自身零部件数目较多，功能复杂，也带来一系列较复杂故障，其故障具有复杂性、动态性、不确定性等特点，故障诊断与隔离难度较大。随着新技术、新设备的诞生和应用，引起飞机故障的原因不断增加，需要监测的影响飞机运行安全的参数也越来越多 [1]。民机系统属于复杂系统，其故障同样具有层次性、传播性、相关性以及不确定性等特点 [3]，故障检测与隔离难度较大，传统的故障诊断方法难以满足复杂系统的诊断需求。故障预测是从故障诊断发展而来的更高级的维修保障方式，目前已经成为飞机诊断体系的主要发展方向。如果在整个寿命周期内多加考虑故障预测，能够提前知道系统的故障发生原因，一定程度上可以加快故障诊断效率，达到节约时间和人力成本的效果，并起到辅助航线维修的作用。资料显示，飞机的使用维护成本一直比较昂贵，其中一个主要原因为飞机在设计时缺乏故障预测 [4]。通过对飞机系统进行故障预测，可以在故障发生前准确地对部件进行事先维修，从而提高飞机系统的安全性、完好性和任务的成功性，降低飞机的维修与保障费用。

我国的测试性技术研究起步较晚，新机型、新设备的研发应用要求飞机系统拥有较高的故障诊断能力，研究测试诊断技术能大大提高飞机系统的可靠性。在上述背景下，本书从系统原理出发进行故障传播机理研究，给出了一套基于系统原理的测试与诊断预测技术，实现对飞机系统的故障测试、诊断与预测。

1.2　测试性设计分析技术研究现状

测试性起源于航空电子领域，20 世纪 70 年代，伴随着电子技术的飞速发展，集成电路的复杂程度和规模不断扩大，给芯片设计、生产和使用的质量带来相当大的压力，测试成本呈指数膨胀，因此，业界开始投入巨大的人力物力研究电路的测试性设计技术。1975 年，Liour 等在《设备自动测试性设计》中首次提出了"测试性"这一概念。测试性 (testability，也可译为可测性)，就是产品 (系统、子系统、设备或组件) 能及时准确地确定其状态 (可工作、不可工作、性能下降)，隔离其内部故障的一种设计特性 [5]。1976 年，美国的机内测试 (Built-in-Test, BIT) 设计指南和"模块化自动测试设备计划"等都涉及了关于测试性的研究。此后，随着半导体集成电路和数字技术的迅速发展，测试性设计成为改进电子设备维修性的重要内容，测试性也被广泛运用于诊断电路设计及研究等各个领域。在 20 世纪 70~80 年代，美国陆续发布了一系列关于测试性的研究报告，如《先进航空电子故障隔离系统》(Advanced Avionics Fault Isolation System)、《标准的 BIT 电路研究》(A Study of a Standard BIT Circuit)、《BIT 设计指南》(A Design Guide for Built-in-Test) 和《测试性手册》(Testability Manual) 等。为了让测试性在军体装备中得到良好的运用，美国还颁布了一系列关于测试性的军用标准，如《机载故障诊断子系统的分析和综合》(MIL-STD-1591)、《测试设备设计准则》(MIC-STD-415D)、《测量、测试和诊断术语》(MIL-STD-1309) 和《电子系统和设备的测试性大纲》(MIL-STD-2084) 等。1978 年，美国国防部颁发了《设备或系统的 BIT、外部测试故障隔离和测试性特性要求的验证及评价》(MIC-STD-471)，明确了测试性验证和评价的程序及方法。1985 年，美国国防部颁发了《电子系统和设备的测试性大纲》(MIL-STD-2165)，标志着测试性成为与可靠性、维修性并列的一门独立学科。1993 年，美国国防部颁布了《系统和设备的可测试性大纲》(MIL-STD-2165A)，明确了测试性在武器装备设计中的重要意义 [6]。国内关于测试性的研究起步相对较晚，但近年来的发展速度较快。20 世纪 80 年代，测试性设计与分析开始在国内引起重视。90 年代初，我国发布了航空标准《电子系统和设备的可测试性大纲》(HB 6437—1990)，之后又于 1995 年发布了《装备测试性大纲》(GJB 2547—1995)，根据《装备测试性大纲》(GJB 2547—1995) 的定义 [7]，测试性是指产品能及时准确地确定其状态 (可工作、不可工作或性能下降)，并对其内部故障进行有效隔离的设计特性。在 20 世纪 90 年代后期，我国对所有武器装备，尤其是军用飞机机载电子设备都提出了测试性要求。

而电子技术的发展一方面使装备的性能出现了质的飞跃，另一方面也带来了严重的维护保障问题。美国海军调查显示，在减少武器装备使用及维修费用的众多方案中，改善可测试性是根本和关键。相关资料显示，对 F/A-18、F-14、A-6E 和 S-3A 四种海军主要飞机的 200 余项关键部件测试性所做出的技术改进，将使它们的使用和维修费用减少 30%，而在飞机研制初期就充分开展可测试性设计，则可降低飞机全寿命周期费用的 10%～20%[6]。这些因素促使美军方很早就开始下定决心对测试性设计技术进行系统的研究。随着这一领域研究的不断深入以及许多新技术新方法的应用，测试性技术经历了由外部测试到嵌入式机内测试 (BIT)，由综合诊断到预测与健康管理 (prognostics and health management，PHM) 的发展过程。

外部测试 [5] 通常是借助自动测试设备 (automatic test equipment，ATE) 或自动测试系统 (automatic test system，ATS) 完成，ATE 是用于自动完成对被测单元 (unit-under test，UUT) 故障诊断 [8]、功能参数分析及性能下降评价的测试设备。ATE 与 UUT 是分离的，主要用于中继级和基地级维修。外部测试技术的发展过程如表 1.1 所示。

表 1.1   外部测试技术的发展过程

时间	技术特点	说明
20 世纪 50～60 年代	手工测试	依赖仪器仪表的手工测试，维修人员的测试水平起着重要作用
20 世纪 70 年代	半自动测试	由计算机控制的半自动测试设备或系统进行测试
20 世纪 80～90 年代	总线结构的自动测试	利用总线结构平台、规范的测试语言搭建模块化的自动测试设备或系统进行测试，进入了 VME 总线在仪器领域以扩展 (VME bus extension for instrumentation，VXI) 总线为标准的新阶段
21 世纪初	能力更强的自动测试	在总线结构的自动测试设备基础上，综合高速总线技术、虚拟仪器技术、网络技术、信息融合技术等实现更准确高效的故障诊断

机内测试 (BIT)[5] 指系统内部提供的检测和隔离故障的自动测试能力。根据规模大小，可将 BIT 进一步分为机内测试设备 (build-in test equipment，BITE) 和机内测试系统 (built-in test system，BITS)。BITE 指完成机内测试功能的可识别的硬件或软件。BITS 由多个 BITE 组成，一般多采用分布集中式的中央测试系统形式。机内测试技术的发展过程如表 1.2 所示。

表 1.2   机内测试技术的发展过程

时间	技术特点	说明
20 世纪 60 年代	萌芽阶段	只提供参数监测功能，无法实现自动诊断
20 世纪 70 年代初	基本功能成型	在原有基础上增加了自动故障检测和隔离功能
70 年代中后期到 80 年代中期	向中央测试系统发展	将机内测试增加了中央显示器接口，中央测试系统的雏形得以形成
20 世纪 80 年代末期至 90 年代中期	诊断技术改良、中央测试技术进一步成熟	综合诊断和智能技术的运用使诊断能力提高，虚警率 (false alarm rate，FAR) 降低。故障与维修手册的关联以及成员系统 BITE，形成了成熟的中央测试系统
20 世纪 90 年代末期至 21 世纪初期	中央测试系统功能继续扩展，并向健康管理系统发展	进一步扩展状态监控功能，向健康管理系统的转化增强了诊断和预测能力，实现了更全面的健康管理

在民用航空领域，机内测试技术得到了广泛应用，对保障飞机安全性和可靠性起到了重要作用。20 世纪 90 年代初期到 21 世纪初期，民机上的中央测试系统在成员系统 BIT、中央维护功能的基础上，综合了状态检测功能。例如，新型双发宽体客机 B777 的机载维修系统 (onboard maintenance system，OMS) 如图 1.1 所示，它由各机载系统的 BITE、中央维修计算机 (central maintenance computer，CMC)、维修存取终端 (maintenance access terminal，MAT) 及几个其他接口系统和设备组成。各个机载系统外场可更换单元 (line replaceable unit，LRU) 的 BITE 只检测 LRU 级故障，不检测系统级故障，各 BITE 将检索得到的信息分别发送给发动机指示和机组警告系统 (engine indicating and crew alerting system，EICAS) 和 CMC，EICAS 产生异常告警信息，CMC 产生维修信息。飞机状态监控系统作为 OMS 的一部分，负责收集、处理、输出非电子系统的数据。

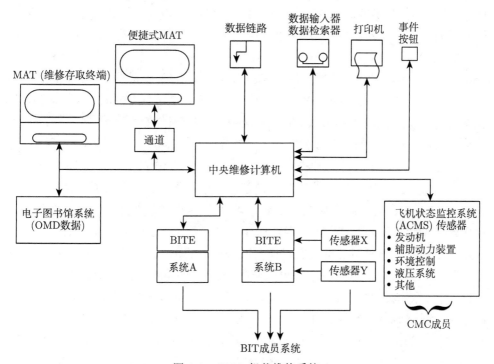

图 1.1   B777 机载维修系统

(OMD：操作和维护文档，operations and maintenance documentation；ACMS：飞机状态监控系统，

aircraft condition monitoring system)

现有的民用客机虽然已经具备较为完备的机载维修系统，但各个成员系统 LRU 的 BITE 只局限于检测 LRU 级别的故障，不检测系统级故障，仅改善局

部的 ATE 或 BIT 的诊断能力不可能从根本上提高民机整体的可诊断性 [9]。因此，有必要从系统的角度将测试性设计、分析、评估等新概念和新方法引入，借鉴到新型民机系统的设计、制造、运营、维修等关键环节中。

1.2.1 测试性建模方法研究现状

目前用于测试性设计 (design for testability，DFT) 的方法主要有两类：其一是基于经验的工程权值法，代表性的方法是《装备测试性大纲》(GJB 2547—1995) 提出的加权平均法 [5]，另一类就是基于模型的方法。经过多年的发展，目前测试性设计方法普遍采用基于模型的测试性设计，一个良好的测试性模型对于测试性设计有着至关重要的作用。基于模型的 DFT 在工程中已得到了广泛应用，其优势在于在系统的早期设计阶段难以获取仿真和实验的可用信息，基于模型的 DFT 可依靠有限信息来实现。自 20 世纪 80 年代开始，美国的一些研究人员开始着手研究测试性建模技术，到目前为止已经有不少测试性模型问世，其中应用最广的是混合诊断模型 (hybrid diagnosis model)[10]、信息流模型 (information flow model)[11] 和多信号流图 (multi-signal flow graph) 模型 [12]，分别是由美国 Data Sciences International(DSI) 公司，爱瑞克 (ARINC) 公司的 Sheppard 和美国防御分析研究所 (Institute for Defense Analyses，IDA) 的 Simpson，康涅狄格大学的 Deb 和 Pattipati 提出的，后来学者的很多研究都是以他们所提的模型为基础的，表 1.3 对这三种模型进行了比较。20 世纪 80 年代，DSI 公司创始人 de Paul 提出了基于相关性的逻辑模型，这是最早得到应用的测试性模型。后来 DSI 公司又在此基础上研究了混合诊断建模技术，将功能与故障模式在同一相关性模型中进行表达，提出了混合诊断模型。混合诊断模型以及后来的信息流模型和多信号流图模型都是从逻辑模型改进而来的，本质上都可以称为相关性模型 [13]。1998 年，基于混合诊断模型的测试性设计软件 eXpress 问世。eXpress 可以在产品设计阶段评估产品未来的故障诊断能力，找到当前设计存在的不足并进行改进，从而达到优化设计的目的 [14]。DSI 公司运用 eXpress 对 F-22、F-117 等先进战机进行了测试性设计，提高了装备的诊断能力和效率，目前 eXpress 已被广泛用于雷达、空间项目等其他领域的测试性设计环节 [15]。信息流模型是由 ARINC 公司的 Sheppard 和 IDA 的 Simpson 于 20 世纪 80 年代提出的。它首先通过有向图表示测试和故障结论之间的因果关系，以信息流来表示模型描述的问题，用有向边代表信息流动的方向，根据图模型和一定的搜索算法可以得到故障和测试的相关性矩阵，然后计算各个测试性指标 [16−19]。康涅狄格大学的 Deb 和 Pattipati 教授等提出了基于多信号流图的测试性建模方法，在多信号流图模型中，故障和测试不是直接相关的，而是通过信号的传播关系来表达两者的相关性信息。20 世纪 90 年代，他们基于多信号流模型开发了测试性设计软件 START[20,21]。90 年代中期，Pattipati 团队在 START 的基础上推出功能更加强大的 TEAMS 软件，TEAMS 软件由美国 QSI 公司开发且拥有可视化建模、测试性分析和诊断策略优化等众多功能。测试性模型需要针对现有的测试性信息和测试性方案，完整描述其间的相互关系，并将测试信号与故障信息对应起来。而多信号流模型具有建模简单直观、不需要获取精确的定量关系、相关性矩阵容易获取的优点，成为目前最为主流的建模方法，在航空航天、武器装备等多个领域得到了广泛的运用。目前，TEAMS 已被用于许多工程项目，美国著名战斗机 F-22 和 F-35 的发动机设计过程中就采用了 TEAMS 进行了测试性建模和分析[22,23]。混合诊断模型是通过对系统原理结构进行深入分析，根据系统中可能发生的故障流向建立的模型。该模型建模过程比较简单，并且可以准确地描述系统结构、故障与测试信息。信息流模型以及多信号流图模型本质上都是相关性模型。信息流模型由测试、故障隔离结论、可测试的输入、不可测的输入以及无故障结论构成，通过有向图表示测试和故障结论之间的因果关系。而多信号流图模型利用分层有向图表示被测对象的组成单元、测试以及被测对象性能特征之间的相关关系，是仅对故障传播建模的一种模型。它与信息流模型一样都是面向故障空间的一种模型，但信息流模型直接描述故障与测试的相关关系，而多信号流图模型则通过功能信号将故障同测试关联起来，将故障模式划分为全局故障和功能故障，因此具有更大的优势。多信号流图模型建模简单，易于操作，适用于大型复杂系统，也是目前应用较为

表 1.3　三种测试性分析模型的对比

模型	优势	缺陷	应用
混合诊断模型	由功能相关性和故障相关性集成的模型，可发挥两种相关性模型的优点	模型间没有必然的联系，设计一旦改变，两个模型都要更新	美国 DSI 公司开发的 eXpress 软件
信息流模型	关注系统故障模式与测试间的对应关系，遵循测试信息的流动方式，用智能方式将维修经验及测试特征等存储于系统中[23]	面向故障模式，将多维属性的信号映射到一维空间；总线系统被认为是很难建模的	系统安全性测试和分析工具 (security test and analysis tool, STAT)[24]，武器系统容差表 (weapon systems table of allowance, WSTA)[25]，自适应诊断系统 (adaptive diagnostic system, ADS)[26]
多信号流图模型	结合了系统结构模型和信息流模型，从信号的多维属性着手，各信号之间独立，最能真实反映系统结构及元件间的联系	一个模块只能定义一种功能故障；难以描述不确定性信息	QSI 公司开发的 TEAMS 软件[27]

广泛、研究较为深入的一种模型。后来学者的很多研究都是以这三种模型为基础的。

1.2.2　测试策略优化方法研究现状

由于测试的独立性和资源的有限性，在系统故障诊断与隔离过程中，同一时刻只能进行一个测试，同样一组测试点，不同的测试策略对于系统的测试代价及测试成本均有较大影响[6]，因此在执行测试前，必须明确测试集中包含哪些测试以及每个测试被执行的先后顺序，使整个系统测试时间最短，测试费用最低，这正是最优测试策略的优化设计问题。它的目标是建立一个最小预期成本的测试序列来达到检测和隔离故障的目的。系统级别的测试和测试策略优化又被称为测试序列问题 (testing sequential problem，TSP)，它是测试性设计和分析的一个重要课题，已被证明是个非确定多项式完备 (non-deterministic polynomial complete，NPC) 类问题[3]，近年来引起了国内外学者的广泛关注。解决最优序列问题常用的方法有动态规划 (dynamic programming，DP) 算法[28] 和 "贪心" 算法 (又称贪婪算法)。但是 DP 算法对于测试数目较多的大型系统，所需的计算代价十分庞大，而 "贪心" 算法是一种局部寻优算法，对于存在多个极值的系统，不一定能找到最优解。因此，针对这些方法存在的缺陷，国内外学者进行了方法上的深入探索，取得了大量成果。国外、国内对于测试策略优化[29] 的主要研究成果如表 1.4 所示。

测试性设计分析可分为电路与芯片级和系统级[40]，目前的应用领域主要集中于电子芯片级、小型电子设备 (如雷达)。机电系统相比于电子系统来说由于包括了电路和机械故障源，在测试点的布置与测试方式的选择上更加多样，而将测试性设计、分析技术应用于大型机电系统上的研究还比较少。民机系统属于大型机电系统，目前还是通过局部的方法进行状态监测和排故，没有从系统的角度把握机电系统目前的故障诊断能力，并且很少考虑测试由于测试策略带来的成本大小问题。

表 1.4　国内、外测试策略优化主要研究成果

提出者	具体内容
Pattipati 及其研究团队	提出 AO* 算法，该算法结合信息熵及霍夫曼 (Huffman) 编码知识；研究了不同测试组合对测试性指标及成本的影响，还研究了不同测试顺序的影响，于 1990 年基于该算法开发了系统测试性分析与设计工具 START。发展了诊断树算法，研究了多模式下的测试序贯问题，提出了拉格朗日松弛梯度算法解决最优测试策略问题。针对 AO* 算法应用于测试点较多的复杂系统易出现计算爆炸的问题，对 AO* 算法进行了改进，提出了 AO^*_ϵ 算法和有限 AO 算法，很好地解决了计算爆炸的问题，属于近似最优的搜索算法[30-33]

续表

提出者	具体内容
德霖技术学院 Tsai 等	基于由功能要素 (functional element，FE) 和测试点 (test point，TP) 组成的原理框图建立系统的诊断树。根据系统信息流分析得到 FE 和 TP 之间的联系。定义故障检测和故障隔离的两个权重向量来确定用于测试的这些 TP 的优先权 [34]
国防科技大学 杨鹏	提出了带有不可靠测试和启发式搜索算法的不确定性 AO* 算法来解决带有多模式的测试排序问题 [35,36]
海军工程大学 潘佳梁等	针对多数测试序列优化算法对启发式函数具有很大的依赖性并需要更多的先验信息这一缺陷，将测试排序问题转换为基于蚁群算法搜索最小完备测试序列的问题。最优测试序列通过建立蚁群状态转移规则和信息素反馈搜索，克服了计算爆炸问题 [37]
电子科技大学 杨成林	考虑了针对模拟电路故障字典的近似最优测试集选择问题。将该问题形式化为一个深度优先的图形搜索问题，将测试点选择过程转化为一个图形节点遍历过程，给出了节点构造方法和节点遍历的程序，通过逐个增加测试点来实现从现有节点到根节点路径上的期望测试点集的信息增量 [38]
军械工程学院 王宝龙	针对电子设备，提出了一个基于测试点选择和测试策略的工程维修方法。提出了局部测试策略和全局测试策略的概念，应用测试信息熵得到局部最优测试点，从而得到局部最优测试策略，进而全局测试策略通过合并局部最优测试策略得到 [39]
电子科技大学 蒋荣华	针对 AO* 算法回溯次数多、不容易找到全局最优解的缺点，根据粒子群优化 (particle swarm optimization，PSO) 算法收敛速度快、全局优化性能好的特点，提出了使用离散粒子群优化 (DPSO) 算法与改进的 AO* 算法相结合的方法 (DPSO-AO*)[40]

1.3 故障诊断技术研究现状

1.3.1 故障诊断方法研究现状

设备发生故障通常是指设备的当前状态偏离了正常状态。当设备发生故障时，可能会丧失部分功能，也有可能丧失全部功能。故障诊断的实质就是找寻故障原因的过程，在这个过程中，需要进行检测故障、分析故障原因和决策维修等多个步骤。因此，故障诊断是一种涉及数据挖掘、信号处理、人工智能、模式识别等众多领域的复杂技术 [41]。

关于故障诊断技术的研究，从 1976 年，Willsky 发表了第一篇综述性的文章 [42]，国内和国外领域内的学者陆续撰写和发表了大量关于故障诊断技术的论文和著作。国外对故障诊断技术的研究起步较早，最早被提出是在 20 世纪 60 年代的美国，率先应用在航天和军工等领域 [43,44]。1961 年，美国在执行阿波罗计划的过程中出现了多起系统失效事件，所以，在 1967 年，美国海军研究办公室 (Office of Naval Research，ONR) 与美国国家航空航天局 (National Aeronautics and Space Administration，NASA) 联合成立了美国机械故障预防小组，主要对故障诊断相关技术进行分析研究。此后，美国机械工程师学会 (American Society of Mechanical Engineers，ASME) 等学术机构和一些高校、企业等都相继参与到

故障诊断的研究中 [45]。英国在 20 世纪 60~70 年代，由英国机器保健和状态监测协会 (Machine Health and Condition Monitoring Association，MHMG & CMA) 率先开展对故障诊断技术的研究，并在汽车电子、摩擦损耗等领域取得了一定的成就 [46]。与上述发达国家相比，国内关于故障诊断技术的研究起步较晚，与世界先进故障诊断技术之间仍存在着不小的差距。20 世纪 70 年代后，国内才开始接触诊断技术，清华大学的方崇智等是我国第一批开展故障诊断技术研究的学者 [47]。经过 30 多年的发展，我国已将故障诊断技术应用在航空航天、汽车、化工、冶金等领域，并在确保设备安全性和可靠性，提高装备社会效益和经济效益方面取得了非常显著的成效 [48]。

目前，国内外有很多关于故障诊断研究的著作和论文，各种针对特定设备故障问题的诊断方法层出不穷。1996 年，国际故障诊断领域的权威 Frank 教授对当时的故障诊断方法进行了分类，分为了基于数学模型的方法、基于信号处理的方法和基于知识的方法三大类 [49]。

1. 基于数学模型的故障诊断方法

基于数学模型的故障诊断方法，其基本思想是建立系统的数学模型，然后在此基础上，利用参数估计、辨识、观测器、滤波器等方法产生残差，再基于阈值或者其他准则对残差进行评价和决策 [50]。基于数学模型的故障诊断方法的基础是针对诊断对象建立精确的数学模型，优点是可以最大化利用对象系统的内部知识进行故障诊断，但是对复杂系统来说，建模比较困难，而且就算建出数学模型，推理效率也不高。所以，基于数学模型的故障诊断方法目前大多被应用于结构简单的线性系统。根据对数学模型处理方式的差异，又可以将基于数学模型的故障诊断方法分为基于状态估计的、基于参数估计的、基于等价空间的这三类方法 [50-52]。

2. 基于信号处理的故障诊断方法

由于装备的复杂性日益提高，对复杂系统进行精确的数学建模是一个非常困难的过程。因此有学者开始研究不依赖于数学模型的故障诊断方法，基于信号处理的方法应运而生。基于信号处理的方法的基本思想是利用系统的输入、输出信号在频率、相位和幅值等特征值与设备故障之间的故障诊断关系，运用概率密度计算、相关性分析等方法分析得到故障特征参数，通过对特征参数的监测分析，达到故障诊断的目的 [53]。此方法降低了传统故障诊断方法对诊断对象数学模型的精确要求，在非线性系统领域展现了很好的应用效果。基于信号处理的故障诊断常见的方法有基于小波变换、基于主成分分析、基于信息融合等方法 [54-56]。

3. 基于知识的故障诊断方法

基于知识的故障诊断方法与基于信号处理的故障诊断方法相似，不依赖精确的数学模型，而且与前者相比，它引进了诊断对象的信息，具备一定的自推理能力，能够大大提高诊断过程中决策的正确性[57]。典型的基于知识的故障诊断方法有基于人工神经网络的故障诊断、基于模糊理论的故障诊断、基于专家系统的故障诊断、基于模式识别的故障诊断、基于故障树的故障诊断、基于图论模型的故障诊断。它们各自的优缺点如表 1.5 所示。

表 1.5　基于知识的故障诊断方法及其优缺点

故障诊断方法	优点	缺点
基于人工神经网络的故障诊断	诊断速度快	需要大量的学习样本和学习训练时间
基于模糊理论的故障诊断	模糊推理逻辑严谨，且易于理解	模糊关系难以确定，模糊诊断知识获取困难
基于专家系统的故障诊断	具备良好的人机交互能力	知识获取困难，缺乏在线诊断能力
基于模式识别的故障诊断	适用于具有不同故障模式类的系统	需要熟悉系统工作流程和故障模式
基于故障树的故障诊断	直观性强、通用性好	建树过程比较烦琐，而且容易遗漏关键点
基于图论模型的故障诊断	可以诊断不能预测的新故障，能够处理大型复杂系统	需要熟悉系统结构和功能，诊断结果范围较大

随着系统复杂化程度的不断提升，鉴于图论模型处理大型复杂系统的优势，基于图论模型的故障诊断方法展现出了强大的生命力和应用潜质[58]。基于图论模型进行故障诊断的基础是模型的建立，为了建立准确合适的诊断模型，国内外学者对建模方法进行了研究。目前，包括键合图模型、Petri 网模型、符号有向图模型、故障树模型等方法都已经运用到故障诊断中，并在基础模型的基础上，针对各自的缺陷进行改进与优化。王红霞等[59]采用分层建模的思想，以节点表示系统的组成单元，以节点之间的连线表示系统功能连接，建立了多信号诊断模型；Su 等[60]将 Petri 理论与模糊理论、变迁染色规则相融合，提出了扩展模糊 Petri 网模型的建立方法；周虹[61]将符号有向图模型覆盖于系统结构模型之上，提出了过程动态有向图模型的建立方法；Low 等[62]在传统键合图模型的基础上，增加有限状态变量机，提出了混合键合图的建模步骤；宫义山和高媛媛[63]将故障树模型与贝叶斯网络模型融合，提出了一种基于信息融合的诊断贝叶斯网络模型建立方法。在完成建模步骤，获得诊断模型后，需要运用诊断推理算法对模型内数量庞大的诊断信息进行处理才能获得正确的诊断结果。刘应吉等[64]针对故障诊断

模型中的模糊知识，利用模糊推理算法来进行诊断推理；王秀娥[65] 针对 SDG 模型在故障诊断时计算复杂、推理速度慢的问题，提出了基于粒推理的诊断推理算法。随着信息技术与人工智能的发展，研究人员发现，采用智能算法对诊断信息进行处理可以提升诊断推理的精确度，缩短诊断推理的时间[66,67]。徐彪等[68] 提出一种基于拓扑建模的故障诊断优化模型，在建立研究系统拓扑描述的基础上，研究了对象的拓扑映射关系，该模型可解决优化模型中期望状态及目标函数的自动生成问题，能够降低优化变量维度，提高模型求解的速度。李朕玥[69] 借助 BP 神经网络算法，建立故障诊断仿真模型，同时利用有关数据对诊断模型进行仿真研究，发现其准确率在实践中可以达到 87.25%。邓丰曼[70] 研究在 UG(Unigraphics NX, Siemens PLN Software 公司开发的产品工程解决方案等软件) 交互式建模系统中构建实体模型，同时构建运动学模型，利用分段阈值故障诊断算法在不同工作状态下进行故障检测，可提升故障检测准确度和效率。徐德龙等[71] 提出图论建模的方法，提高故障检测的可视化和维护水平。

1.3.2 诊断策略研究现状

诊断策略的定义是综合考虑规定约束、目标和有关影响因素而确定的用于隔离系统故障的测试步骤或顺序，也被称为测试策略或序贯测试等。诊断策略构建是测试性设计中的非常关键的一个环节，通过对诊断策略优化可以减少故障检测和隔离时间，提高故障诊断效率，从而在保证系统可靠度的前提下降低全寿命周期费用。例如，黑鹰直升机结构复杂，故障多样，导致其故障的隔离时间很长，大大影响了其作战能力，经过诊断策略优化后其隔离故障的平均测试数量大大减少，故障隔离时间也大幅缩短。美国著名的 F-22 战机经过诊断策略优化后，维修和测试成本也大大下降[72]。

诊断策略优化问题是一个典型的 NP 完全 (NP-complete) 问题，直接从众多的方案中找到一个最优的诊断策略难度很大，为此国外学者提出了用启发式的搜索方法建立诊断策略，即用启发策略评估每一步可用测试的优劣，每一步都从待选测试集中选出最优的测试，依次构成一个完整的诊断策略。Johnson 提出了一种基于信息启发的搜索算法，他根据信息理论构造了信息启发式评估函数用于诊断策略优化，用该函数计算每一步可用测试的函数值可以确定每一步的最优测试。国内外学者基于这种方法还提出了一些改进算法用于诊断策略优化。这些逐步寻优的算法都属于贪婪算法，适用于简单系统，在复杂系统中容易陷入局部最优，计算精度难以保证[73]。Pattipati 等提出用动态规划算法来得到全局最优的诊断策略[20]，后来他们提出了基于霍夫曼编码的、基于熵的和基于熵 +1 的启发式评估函数，并和与或图算法结合设计，分别设计出了 AO*、HS 和 CF 算法。其中 AO* 算法可以得到最优的诊断策略，但是存在着回溯次数多、计算量大的问题。为此，他们又通过添加约束条件来降低 AO* 算法的计算复杂度，提出了 F_i 算法和有限搜索 AO* 算法等方法[20]。但是这些全局寻优的算法仍存在着计算代价较大的问题，不适用于复杂系统的诊断。

国内研究人员对诊断策略优化算法也做出了许多研究贡献。张志龙等[74] 充分考虑多值测试和不可靠测试对诊断策略优化的双重影响问题，研究了一种基于禁忌搜索的准深度诊断策略优化算法。石君友和田仲[75] 研究了基于可靠性和测试费用等因素的故障诊断策略。于劲松等[76] 用染色体表示诊断策略，并以此提出基于遗传算法的诊断策略生成方法。杨鹏[77] 研究了相关性模型及其诊断策略的特点，并在此基础上以信息启发策略为核心提出了准深度搜索算法。匡翠婷[78] 比较了 AO* 等经典诊断策略优化算法的优劣，针对多值测试问题研究了基于霍夫曼编码的与或树启发式搜索算法。Wang 等[39] 根据粒子群优化算法全局寻优性好的优点，研究使用离散粒子群优化算法对 AO* 算法进行改进。闫军志[79] 研究在线故障诊断策略，引入离线诊断算法改进，并通过仿真对该策略进行测试与分析。杨朵[80] 用协同控制故障诊断策略，提高故障诊断的准确性。王仁群[81] 用整车控制策略研究各个系统的组成及工作原理，进而进行故障诊断研究。蒋雪峰等[82] 通过强鲁棒性开路故障仿真研究提出改进型双绕组永磁容错电机 (dual-winding fault-tolerant permanent magnet motor, DWPMM) 驱动系统开路故障诊断策略的可行性。田恒[83] 研究了基于测试性 D 矩阵的故障诊断策略，改善一步向前和多步向前寻优算法，融合 D 矩阵的故障检测权值和信息熵，设计了 Mix1 和 Mix2 两种新贪婪算法。

1.3.3 飞机系统故障诊断研究现状

飞机的安全状态是由构成其功能的各飞机系统决定的[84]，飞机大型化之后为实现飞机的顺利操控，在飞机上已基本装载了液压传动助力系统、飞机飞行操纵系统、座舱环境控制系统、防冰防雨系统、气源系统等大系统[38]，这些系统的应用在带来便利的同时，由于自身零部件数目较多，实现功能需要的环节较多，也带来一系列较复杂的故障，这些系统的故障诊断问题是典型的复杂系统故障诊断[85]。飞机系统本身所具有的复杂性加大了故障诊断的难度，在对它们进行研究时不容易完全地获取故障诊断知识，同时容易缺失监测信息。因此，飞机系统的故障诊断在知识获取、诊断的准确度及适用的范围等方面还存在不足。同时，飞机系统的故障具有衍生性和并发性的特征，即一旦故障发生，往往不是单一故障，一个故障征兆会衍生出相关性的故障，一个类型的故障会导致多类型故障征兆的发生 [86-88]。因此在对飞机进行故障诊断研究时，如何快速地分析出故障发生的传播机理并进行故障定位成为航空公司一项亟待解决的问题。

飞机设备故障诊断是根据已经获取到的信息来分析具有未知信息的飞机系统的特性，并预判它的发展趋势，将故障发生的概率降低。故障诊断是保证飞机正常运行、成员生命安全的必要措施，进行故障诊断研究和运用可有效提高航空公司经济效益 [89,90]。从飞机设备故障诊断的发展角度看，近年来飞机及其系统是一个逐渐大型化、模块化、智能化的过程，同时故障诊断技术也逐步得到广泛应用。回顾飞机故障诊断技术的发展历程，主要有如下三个阶段：第一阶段，故障诊断的实施基本靠工程人员的经验，同时借助较简单的检测设备来进行，故障的判断也常常缺乏机理研究；第二阶段，随着动态测试、传感器的逐步应用，形成了通过分析测试信号并通过建模来分析故障的手段，且此种技术得到了推广；第三阶段，随着智能信息处理技术的成熟度不断提高，在第二阶段的基础上，增加了知识处理和建模相互融合的手段，形成了近年来主流的故障处理技术。飞机故障诊断技术的发展是随着飞机设备的复杂化以及相关学科的发展而不断进步的 [91,92]，下面主要结合近年的参考文献对飞机系统的国内外研究进行阐述。

目前,各国都对飞机系统的故障诊断进行了广泛的研究和应用。以美国为代表的西方国家在故障诊断技术研究和应用方面从近代开始一直都走在世界的前列，特别是在飞机的故障诊断技术方面积累了丰富的经验 [45]，航空企业、军方和相关高校均投入巨资进行了研究。具有代表性的有如波音航空公司研制开发的 "波音诊断专家"(Boeing Diagnostic Expert)，此系统主要实现的功能为：它将维修信息、资料信息及故障诊断分析集成到一个系统平台下，从而高效诊断出故障或者失效的零部件 [93]。从 20 世纪 70 年代开始，为了降低军用飞机的维护费用以及提高其检测系统的效率进而提高飞机的战斗性能，美国在很多机型的防滑刹车系统内装载了机内测试设备，主要应用的是一种名为 BIT 的内部测试技术，此技术的应用有效地增强了测试的实时性，并且对测试精度、测试范围也进行了提升，大大降低了飞机系统的维护成本，增强了飞机的战斗力 [94]；进入了 90 年代，智能故障诊断等先进技术在美国的主战机型 (如 B-1B 轰炸机及 F-15 战斗机等) 上得到了广泛运用。经历了几十年的技术发展，美国在故障诊断技术方面的研究不论在学术上还是工程运用上都已经形成了比较完备的体系。

在欧洲，工业产业链的完备性使得故障诊断技术在航空航天领域的运用也处于世界先进水平，欧洲主要国家 (尤其是航空强国) 都广泛应用了故障诊断技术。德国和法国在 20 世纪 90 年代分别研究出了应用于民用航空发动机的基于模式识别的飞机故障诊断专家系统及系统故障检测平台[95]。空中客车 (简称空客) 公司在 A320 及 A330 系列飞机上应用了飞机维修分析 (aircraft maintenance analysis，AIRMAN) 系统，该系统可以收集飞机飞行过程中产生的数据，并进行数据处理及分析，进而服务于维修，给飞机维修决策提供依据。在基础研究方面，欧洲学者也对传统故障诊断模型理论进行了完善，此间产生了诸多研究成果。

相比于上述西方发达国家，我国航空发展事业起步较晚，在飞机故障诊断方面的研究和应用都与西方存在着不小的差距。然而，为实现国家"十一五"规划纲要指出的要在 2020 年实现国产大飞机的研制的目标，在行业的共同努力下也取得了丰厚的研究成果[96]。在军用飞机方面，以 J10 为代表的 4 代战机定型交付给部队，以 J20 为代表的 5 代战机于 2016 年珠海航展首秀；在民用飞机方面，先进支线飞机 (advanced regional jet，ARJ)21 成功交付给航空公司。国内航空院校和航空院所利用各种资源对飞机的故障诊断技术做了进一步的研究，范作民等以航空发动机为研究对象，提出了基于参数估计法的故障诊断方法[97,98]；胡良权等[99] 针对航空发动机故障诊断问题中传感器测量参数难以选择的问题，提出了四步一体的参数选择优化方法，利用遗传算法筛选关键参数用于故障诊断，验证了该方法的有效性；张若青等[100] 以飞机余度舵机为研究对象，提出了一种利用观测器法的故障诊断技术；周元钧和曹明[101] 对飞机电源系统提出了运用模糊推理的故障诊断技术；黄续芳等[102] 提出了一种基于双向门控循环单元的深度学习液压管路故障诊断方法，用于航空发动机外部液压管路故障诊断；张明川[103] 开发了 RBZn 型航空发动机的滑油系统故障诊断专家系统，提高了滑油系统的可靠性；杨建国等[104] 利用基于因果故障网络的方法，进行了航空电子设备故障诊断专家系统的开发；Yang 等[105] 利用基于事例的故障诊断方法，采用面向对象的编程方法开发了某型飞机发动机故障诊断专家系统；宋兰琪等[106] 和石荣德等[107] 利用基于规则的故障诊断方法开发了某型发动机和运 7 的飞机起落架专家系统。何俊[108] 提出智能故障诊断方法，包括支持向量机和基于人工神经网络的智能故障诊断方法。窦春红[109] 提出了基于数据非线性和确定性测度的设备故障特征提取方法以及基于自适应多尺度符号动力学熵的设备状态监测方法。金国强[110] 提出了一种端到端的跨领域多重对抗神经网络故障诊断方法。文献 [111] 提出了两种基于智能优化粒子滤波的故障诊断方法，分别是变频变异粒子滤波算法和改进天牛群搜索优化粒子滤波算法。

总的来看，现今飞机系统热门的故障诊断技术及其各自的特点如表 1.6 所示。

表 1.6　常用故障诊断技术

诊断方法	类型	优点	缺点
传统方法	参数估计法	检测时间短,能够进行多重故障诊断,可检测出慢变以及突变的故障	需要精确的数学模型,并且无法诊断新的故障
	状态估计法	检测手段简单,检测时间短	建模十分困难,不能进行多重故障检测
基于知识的方法	人工神经网络法	不需要物理数学模型,速度快	需大量样本,仅可用一些确定故障诊断样本训练,学习训练时间超长
	基于统计分析法	不需要物理数学模型,速度快	需要大量历史数据
	故障树诊断法	直观性强,灵活性好,通用性好	建树烦琐,容易错漏
	基于规则的方法	可直观解释规则	开发维护成本高,诊断不出新故障
	基于案例的方法	对于复杂的、非结构化的决策问题具有显著优势	需要丰富的经验和大量的历史记录
	基于图论模型的方法	不需要精确数学模型,可诊断不能预见的新故障,考虑了系统结构特性并且能够处理大规模复杂的过程	需要熟悉系统原理,使用单故障建设,诊断结果范围大

由表 1.6 可知,基于图论模型的方法显示出了一定的优越性,该故障诊断方法的一些研究成果已经被汽车、电子、航空航天等诸多产业大量应用 [112−114]。图论方法在应用时具有诸多优点:模型呈现出来的界面友好且直观性强,在分析时可以采用较模糊的解析模型,在诊断的过程中分析出新故障发生的可能性也不需要过多的专家经验数据和历史故障信息。图论模型是从系统的结构、特征及工作方式等角度进行分析,分析时加入合理的推理策略及数据处理方法,可实现对复杂系统的故障诊断。该方法可有效直接地应用于飞机系统的故障诊断,不仅能够有效保障飞机飞行安全、正常工作,而且在发现状态异常或故障时能够提前做出诊断与维修决策,为机组人员提供及时有效的工作指导,减少维修成本。

1.4　测试诊断图论模型理论方法研究现状

图论模型是一种表达方法,这种方法类似描述故障诊断对象的知识,目的是获取诊断对象的相关信息,且根据模型规定的信息组织方式来存储获得的知识,如 Petri 网模型、有向图 (directed graph, DG) 模型、故障树模型等 [115]。目前,针对图论模型的相关研究比较多,已形成了多个研究分支。

随着航空技术的快速发展及飞机系统功能的不断增强,飞机结构的故障机理也越来越复杂,给故障诊断增加了难度。为解决此问题,上述诊断模型大都采用传统的数学方法求解,常出现诊断结果准确率不高或者故障遗漏且无法模拟故障传播路径等问题,已无法适应目前的诊断发展趋势。同时,飞机系统的故障具有离散型的特点,而 Petri 网可以用来对离散动态过程进行建模,且 Petri 网模型是一种可用图形表示的组合模型，有强大的数学基础，用它来进行飞机系统故障诊断，可以清晰描述飞机中的故障事件与修改系统状态事件之间的关系[116,117]。

1.4.1　多信号流图模型研究现状

目前国内外学者运用多信号流图模型进行了一系列研究。张晓艳等[118]基于多信号模型对机载计算机测试性进行了分析与验证。杨其国[119]针对测试性建模过程所需的测试性信息难以准确、完备地获得的问题提出了解决办法，并基于多信号模型对现场可更换模块进行了测试性建模与分析。Zhang[120]以有源滤波放大器为例建立了多信号流图模型，在此基础上将 rollout 算法与信息增益启发式算法相结合，构建了近似最优诊断策略。Tian 等[121]将多信号流模型运用于控制力矩陀螺中，并运用改进的遗传算法对测点进行优化。Yang 等[122]考虑了故障与测试之间的不确定关系，建立了基于贝叶斯网络的多信号流模型，并通过滤波器电路模型进行了验证。其中基于多信号流模型应用最为成功的是 TEAMS 软件，这款软件也在国内军用和民用产品中被广泛使用。刘敏行和王斌龙[123]基于 TEAMS 软件建立了典型通信设备的测试性设计模型并进行了测试性仿真与分析。欧爱辉[124]利用 TEAMS 软件对雷达系统的测试性水平进行了分析和评估。尹亚兰和李登[125]研究了基于 TEAMS 软件的多信号建模方法，并利用路由信息生成 (routing information generate，RIG) 算法生成系统的诊断策略。张钊旭等[126]提出了基于多信号模型的鱼雷测试性建模方法，并采用 TEAMS 软件开展测试性分析、指标预计及设计改进。刘允昊[127]将多信号流模型用于雷达发射机中，对 AO* 算法进行优化，并对多信号流模型分层重构，用以描述系统间故障传播的分布扩散结构。赵杰等[128]提出了以信息流模型为基础，融合多信号流模型的测试性建模与分析方法，该方法通过层次化的多信号流模型构建大型设备的测试性模型，生成故障-测试依赖矩阵，并以依赖矩阵为基础，进行测试性指标分析，生成测试性分析报告，验证了其有效性。韩露等[129]用多信号流图模型建立导弹系统级测试性模型，根据可达性算法得到故障–测试相关性矩阵，确定系统的测试性指标。杨新星等[130]基于相关性模型中典型的多信号模型，应用 TMAS 软件对某装备进行了测试性建模仿真分析，为装备的测试性设计优化提供了一种定性定量分析支持方法。孙智等[131]采用分层多信号流图方法对飞机空调系统进行故障诊断与仿真分析，得出了飞机空调系统的故障–测试关联矩阵，并给出系统各部件的故障检测率和故障隔离率。

在系统诊断过程中，构建一个良好的诊断策略对提升系统测试性也有着极其重要的意义。在 IEEE Std 1522—2004[132] 中，诊断策略被定义为"结合约束、目标及其他相关要素实现系统故障诊断的一种方法"。构建诊断策略的最终目标是找到一组最优的测试序列,从而以最小的预期成本来检测和隔离故障。在整个测试过程中,选用哪些测试以及使用这些测试的先后顺序,对系统的测试时间、测试费用都会产生非常重大的影响。而当今系统日益复杂化、多样化,其包含的测试也繁多,这些测试能组成的测试序列更是数不胜数。采用穷举法列出所有测试序列再一一比较的方式必定是行不通的,因此有国外学者提出了启发式搜索算法。启发式搜索算法是指根据某个启发策略,逐步确定每步要执行的测试,最终间接得到一个完整的诊断策略。经过多年的发展,国外学者在此基础上提出了一些改进的算法,这些算法都采用逐步寻优的方法,可统称为贪婪搜索算法。然而贪婪搜索算法只能得到局部最优的结果,故障诊断准确性不高。康涅狄格大学的 Pattipati 及其团队随后提出了动态规划法,该算法可以得到全局最优解,但是计算量大,不适用于大型系统。该团队还将与或图算法与霍夫曼编码相结合,提出了 AO* 算法。AO* 算法通过不断地向下发展及向上反馈来求得最优的诊断策略,可以得到全局最优的结果。该算法的计算量小于动态规划法,是目前较为常用的算法。赵文俊等 [133]、潘兴涛和赵文俊 [134] 将二值的 AO* 算法与多值测试问题相结合,提出了多值测试下基于霍夫曼编码的与或树启发式搜索算法。Zheng 等 [135] 将一种新的监督粒子群优化 (S-PSO) 分类算法用于故障诊断,提高了故障诊断的准确性,提高了全局最优解的概率。综上所述,多信号流模型只关注于对象的故障空间,只对相关性本质进行建模,而不需要建立精确的定量关系,可以有效地帮助我们对系统和产品进行测试性分析。

1.4.2 Petri 网模型理论方法研究现状

Petri 网模型理论方法最早是由联邦德国的 Carl Adam Petri 在 1962 年提出并论述,该理论描述了一种新型网状结构的信息流模型,主要用于解决分布式系统及分布式进程中出现的问题 [136]。在前端,Petri 网有直观的图形表达方式和详细的系统构成显示;在后端,模型由数学表述方式构成且运用了系统的分析方法。随着 Petri 网的发展,该方法逐步被国内外研究人员应用到了故障诊断领域 [137]。

Petri 网如果直接应用于飞机系统故障诊断,需要解决如何全面地考虑民机系统故障传播的复杂性、动态性特点以及如何对飞机系统的故障信息更加完备表达 [138,139] 的问题。有很多研究人员利用 Petri 网与其他人工智能方法融合使用的方法对飞机系统故障诊断进行研究,如张鹏等 [140] 将双变迁 Petri 网和故障注入方法结合使用,在解决飞机交流电电力系统故障模拟时,利用双触发权延迟时间 Petri 网 (delay time Petri net，DTPN) 法进行建模，此办法可使故障诊断计算时多数据流和控制流同时处理，提高了运算效率。而传统的 Petri 网模型不能充分表达故障信息的不确定性和模糊性，为解决此问题，诸多学者进一步对 Petri 网的相关理论进行了完善，提出了模糊 Petri 网 (fuzzy Petri net，FPN)，模糊 Petri 网提升了 Petri 网的同步和并发功能，使结果可以呈现概率信息，与人类的思维和认知方式更为符合，使工程人员在分析时更为全面直观、可操作。陈艳和于海库[141]用模糊推理 Petri 网对 A320 的偏航阻尼系统进行了故障分析，同时与普通 Petri 网进行了对比，可看出模糊推理 Petri 网在描述并发系统时存在优势，且得出的结果为故障的发生概率并进行了排序，可方便快捷地指导维修。张鹏等[142]对基于优先权值的模糊 Petri 网 (priority FPN，PFPN) 模型进行了研究，该方法在应用于某型号飞机空调系统的故障诊断分析时可有效提高分析的速度和可靠性。张鹏等[143]对正逆向推理相结合的模糊 Petri 网模型进行了研究，该模型在解决飞机系统的故障诊断问题时充分发挥了模糊 Petri 网并行处理问题的优势。覃智勇和曾会华[144]对某型飞机电力启动系统分析时引入模糊 Petri 网模型，利用基于新的数据表结构的方法解决了飞机系统的故障的并发性带来的模糊性的问题，提升了解决问题的速度。程学珍等又将模糊 Petri 网和故障 Petri 网结合，提出了模糊故障 Petri 网 (fuzzy fault Petri net，FFPN) 的概念，并应用矩阵推理算法进行故障诊断[145,146]。同时 Petri 网在计算大系统时，模型容易庞大且复杂，且在表达传播特性和传播状态时容易缺失，此缺点使 Petri 网在分析复杂系统时存在一些不足，针对此，马良荔等对有色 Petri 网 (color Petri net，CPN) 模型进行了研究，此模型可利用 Petri 网属性准确描述系统状态及动作的相互联系，可很好地表达传播特性和传播状态[147,148]。钱文高等[149]使用 UML 状态机建立维修实体状态迁移元模型，以规范维修实体的维修行为，并将其转化为 Petri 网子网模型，建立可动态重组子网的虚拟维修过程模型。王鹏[150]从复杂动态监控任务工作负荷的角度出发，引入形式化的方法，采用着色 Petri 网对连续监控任务工作负荷测量的可行性和有效性进行了探索和论证，建立了一种基于时间 Petri 网的短时并发多任务工作负荷预测模型。胡涛等[151]提出了基于加权模糊 Petri 网的故障诊断方法，同时定义了加权模糊 Petri 网转化成分层着色 Petri 网的规则。徐彪等[152]提出一种基于拓扑结构的时间 Petri 网故障诊断模型，可充分利用系统拓扑信息以及告警时序信息。

Petri 网因其具有界面直观、数学表达式严格、并行处理问题能力突出等优点，成为研究人员处理飞机故障诊断问题的有效办法[153]。但是，研究发现，目前 Petri 网理论及应用还存在着若干不足之处：一是 Petri 网的权值、变迁阈值、变迁规则可信度很多都依赖个人经验获得，会造成个人主观导致的不确定性，使结果也呈现出不确定性[154]；二是模型中有过多的节点，在计算时容易导致状态空间爆炸，Petri 网的庞大造成关联矩阵维数很多，使计算相当耗时；三是目前国内基于 Petri 网的飞机系统故障诊断工程化应用还需提高[155-157]。

1.5 故障预测技术研究现状

故障预测技术是测试诊断技术发展的最高阶段，它通过监控系统的实时状态判断系统未来可能会发生的故障以提高系统的可靠性[158]。故障预测的定义是根据系统的历史数据和当前测试获得的状态数据，在相关理论和方法的指导下，判断当前部件或系统停留的健康状态，然后据此确定部件或系统还能持续工作的时间，通过提前预警并采取维修保障措施来消除故障隐患，确保系统安全可靠运行[159]。

自 20 世纪 70 年代以来，随着产品和系统的功能和结构日益复杂，由于设计、制造、装配、维修等各种因素导致的故障也不断增多，为了提高产品的可靠性，故障预测、视情维修 (condition based maintenance，CBM) 等技术逐渐得到了工程应用。1988 年，美国的研究人员以故障预测为核心提出了预测与健康管理 (PHM) 的概念来提高产品全寿命周期的可靠性[160]。PHM 技术主要包括两大内容，一是研究采用先进的传感器技术获取和采集与系统故障状态有关的特征参数，二是利用特征参数，借助不同的诊断预测模型和算法开展故障预测分析，并管理系统的工作状态[161]。国外 PHM 技术的发展和应用十分迅速，美国、加拿大、以色列等国已经成功地在航空航天、导弹、汽车等领域应用了此项技术。我国在故障预测和 PHM 方面的研究才刚刚起步，与国外相比还存在较大差距。目前国内学者对故障预测做了如下研究：彭宇等[162]对国内外主要的故障预测体系和方法作了综述，比较了各种预测方法的特点，展望了故障预测技术未来的研究发展方向。范庚等[163]提出了一种灰色相关向量机故障预测模型，并用实例验证了模型的有效性。李万领等[164]对基于灰色理论的故障预测模型进行了改进，提高了该方法的预测结果精度。韩东等[165]研究建立了基于数据驱动的故障预测模型，用融合单元的概念来描述预测过程中设备状态的数据变化。胡海峰等[166]用隐半马尔可夫模型进行故障预测，引入并改进了一种快速递推算法，并用实例验证了其有效性。张磊等[167]研究了一种基于粒子滤波的故障预测算法，用高斯混合模型来描述变量的分布密度，提高了故障预测算法的准确性和可靠性。吕克洪等[168]介绍了 PHM 的概念及现状，提出了电子设备 PHM 技术发展的新方向。年夫顺[169] 梳理了故障预测与健康管理技术体系架构，介绍了故障模型、状态监测、数据处理、综合诊断、健康管理、维修决策和后勤支援信息系统等关键技术，最后给出了我国发展 PHM 技术的意见和建议。韩恒贵[170] 采用深度学习循环神经网络的方法对绝缘栅双极型晶体管 (insulated gate bipolar transistor，IGBT) 进行故障预测，深入探究并设计长短时记忆 (long-short time memory，LSTM) 预测网络，并对建立的网络进行验证改进。丛晓等[171] 提出了一种基于序列平均变化率的灰色预测模型，可提高故障预测精度。李磊等[172] 提出基于数据的故障预测方法，可完成对故障的实时预测和精准预测。

故障预测方法种类很多，按照其性质主要可以分为以下三大类：①基于可靠性的预测方法；②基于失效物理 (physics of failure，POF) 模型的预测方法；③ 基于数据驱动的预测方法。表 1.7 是各类故障预测方法的特点[173−175]。其中基于可靠性的预测方法是一种基于概率分布的描述方法，所以需要样本服从较好的分布规律，而且无法评估系统故障的具体发展情况，因此预测精度较低，局限性较大[176,177]。基于失效物理模型的预测方法主要用于电子系统，通过对产品或系统的潜在失效机理和其服从的物理过程进行识别，对于不同的失效机理和物理过程建立不同的失效物理模型，从而评估和预测其可靠性，具有较高的预测精

表 1.7　故障预测方法分类及比较分析表

预测方法	类型	优点	缺点
基于可靠性的预测方法	基于寿命分布模型的预测方法 (回归预测法)	理论研究完善，预测过程简单，应用广泛	需要样本量大并且有较好的分布规律，涉及大量的可靠性知识
	基于故障树分析的预测方法	没有故障信息缺乏的问题，故障诊断和预测效率高	无法描述故障的详细情况，局限性较大
基于失效物理模型的预测方法	基于失效物理模型的预测方法	可以实时识别当前系统的状态，并预测系统未来的状态，具有较高的预测精度	实际系统具有复杂性和随机性，难以完全建立其物理模型
基于数据驱动的预测方法	时间序列预测法	对于线性时间序列具有较好的预测效果	受到突变因素影响时误差较大
	人工神经网络预测法	具有很好的自学习性、并发性，解决了随机性问题	网络结构和规模难以确定，需要大量历史数据
	灰色理论预测法	计算简单、对原始数据需求量少，对具有指数变化趋势的参数具有较好的预测精度	对于随机序列、状态变化较大的数据序列预测精度较差
	组合预测方法	充分发挥各个单一预测模型的优点，提高了预测精度	各模型的加权系数确定困难
	卡尔曼滤波器预测法	适用于大部分的高斯线性系统，应用广泛	不能用于解决非线性、非高斯型问题，预测精度取决于模型
	粒子滤波器预测法	可用于估计混杂系统的连续状态和离散状态	存在粒子退化和对突变状态的跟踪能力差的问题

度 [178–180]。基于数据驱动的预测方法只需要描述数据输出关系和相关参数即可进行故障预测，不受模型结构的限制，因此基于数据驱动的预测是目前研究的主流方向 [181–183]。

1.6 维修排故技术研究现状

维修排故技术作为确保设备运行阶段安全性的重要手段，一直以来都是各研究领域的研究热点 [41,42]。复杂系统一般是一个庞大的系统，由不同结构、不同特性的多个子系统组成，每个子系统都有可能发生故障，造成了故障的多样性。以民机为例，2016 年 7 月，中国民用航空局 (Civil Aviation Administration of China, CAAC) 收集了各航空公司上报的航空器使用困难报告 (service difficulty report, SDR) 共 446 份，并进行分析和处理。结果如下：机械类 SDR 一共 303 份，数量占前三位的是动力装置、起落架系统和飞行操纵系统，其中动力装置 SDR 共 63 份，起落架系统 SDR 共 36 份；非机械类 SDR(包括维修差错、地面碰撞、鸟击和天气等) 共 143 份。故障的多样性增加了维修排故工作的难度，任何维修工作的延误，都会直接影响飞机的正常商业运营，造成经济损失。

随着现代化设备系统复杂性的不断提升，与设备维修排故相关的各类技术手册也出现了爆炸式的增长。如美国的 M26 坦克，在 1940 年的时候，维修排故相关的手册和技术资料有 8000 页，而到了 1980 年，M1 坦克技术手册的内容已经达到了 40000 多页 [184]。传统的维修排故技术资料都是以纸张进行存储，具有数量大、生产缓慢等缺点。到了 20 世纪 80 年代，这些问题已经变得相当尖锐，严重影响了装备的维修保障工作。其中一个典型的例子就是核潜艇，一个核潜艇的技术资料的体积超过了核潜艇本身的体积，维修排故资料甚至无法装入潜艇内。为了解决这一问题，美国海军水面作战中心 (Naval Surface Warfare Center, NSWC) 在 70 年代中期开始研究新的技术方法来代替纸质技术手册，这个新的技术称为交互式电子技术手册 (interactive electronic technical manual, IETM)。1985 年 9 月 24 日，美国国防部成立了计算机辅助后勤保障办公室 (Computer Assisted Logistics Support Office, CALS)，它的主要任务就是推广 IETM 技术 [185]。随后，在 1989 年又建立了 IETM 研究中心，开始对 IETM 的制定标准和规范等进行研究，大大推动了维修排故手册资料的电子化发展。目前，美国的 IETM 技术已经比较成熟，大部分装备都已经采用了 IETM 技术 [186]。欧洲对于技术资料电子化的研究稍晚于美国，80 年代，欧洲航空器材制造商协会 (Association Européenne des Constructeurs de Matériel Aéronautique, AECMA) 建立了文档工作组，并于

1986 年完成了军用飞机的电子化技术手册规范 (AECMA S1000D)[187]。后来，由于 AECMA 与其他航空协会的联合，改名为欧洲宇航与防务工业协会 (Aerospace and Defence Industries Association of Europe，ASD)，AECMA S1000D 规范经过相应的扩充也改名为 ASD S1000D 规范，并在后续的发展中，先后又发布了多个新的版本 [188]，使用范围也从军用装备扩展到了民用装备。目前，英国的鹞式战斗机、瑞典的虎式直升机、德国的 212 型号潜艇等都采用了电子化的技术手册。我国对维修排故技术资料电子化的研究较晚，到 90 年代才开展了对 IETM 的研究 [189]。在 2000 年，中交第一航务工程局有限公司组织了研究人员，制定编写了《飞机电子技术手册编制要求》。2002 年，西安飞机国际航空制造股份有限公司使用 Adobe Acrobat 完成了新舟 60 系列飞机的电子化技术资料的 PDF 文件，并交付航空公司使用。另外，工业和信息化部电子第五研究所、沈阳飞机设计研究所、海军某研究所等都对 IETM 技术进行了相应的研究与开发 [190]。随着计算技术的发展，将互联网技术与 IETM 进行结合，增加 IETM 的交互性和直观性成为当前的研究热点。其中，基于虚拟现实技术的 IETM 与基于互联网交互的 IETM 已经崭露头角 [191,192]。

　　随着装备复杂性的提高和各类故障诊断技术与维修决策技术的发展，测试、诊断、排故、维修和保障等过程之间的联系越来越紧密。对于维修排故人员来说，查阅不同形式的、不同结构的技术资料是一个极其耗费时间的过程，而维修排故时间对经济效益有极大的影响。随着 IETM 以及信息集成化技术的发展，如何实现分布式的、多源异构的维修排故信息集成为当前的研究热点。美国空军 Armstrong 实验室在 20 世纪 80 年代末期开展了集成化维修排故信息系统 (integrated maintenance information system，IMIS) 的研究 [193]，目标是开发一个针对外场维修的综合性维修排故信息系统。在此基础上，国内也进行了相关研究，吴松林和韩景偶 [194] 对维修排故信息集成系统的原理和组织结构进行了研究，但缺乏具体的实现方法。李永杰等 [195]、黎汉军等 [196] 对装备的维修排故信息集成方法进行了研究，并针对具体案例给出了实现步骤。经过研究发现，上述信息集成方法并不能解决语义结构相异的信息集成问题。由于本体能够准确描述语义概念并建立概念之间的关联关系，而且它提供了统一的语义表达标准，因此有人提出采用本体方法来解决维修排故信息集成中的语义异构问题。袁侃和胡寿松 [197] 利用本体建立了飞机的系统信息模型，用于飞机舵面的故障诊断。卞朝晖 [198] 和柯倩云等 [199] 对复杂装备的维修和故障案例进行了本体建模。周扬和李青 [200] 对飞机维修领域知识的特点进行了研究，然后采用本体论知识构建了飞机的故障本体模型。王冲和王子健 [201] 针对电磁恒温器出现的典型故障，梳理与分析故障原因，探讨对应的排故方法，为该部件排故工作提供快速有效的方法。徐恩华[202] 通过实例进行故障排故分析，使排故研究更加有效。郑明俊等[203] 基于虚拟现实 (virtual reality，VR)/增强现实 (augment reality，AR) 技术对飞机起落架排故和分析，首先对零部件进行测绘建模，然后将模型导入 VR，再对其进行编程，使得 VR 系统能够具备排故训练演示及分析检测功能。雷杨和刘庆[204] 通过研究航线维修排故，从航班运营、飞行成本、操作工序、人为差错等角度分析传统维修模式的合理性与经济性。

目前，民航领域内主要通过查阅相关技术手册和根据经验来进行维修排故。2017 年 5 月 5 日，国产首架大型喷气式客机 C919 在上海浦东机场冲上云霄，并在安全飞行 79 分钟后平稳降落，成功完成首飞。另外，国产新支线飞机 ARJ21 也迎来喜讯，在 2017 年 11 月 17 日迎来了投入航线运营后的第 30000 名旅客。这标志着国产新飞机将会在世界舞台上扮演越来越重要的角色。在新飞机投入运营的初期，由于维修人员经验不足，新出现的故障缺乏案例，而且手册本身也不完善，仅仅依赖于查阅手册和根据经验进行维修排故，有时并不能准确地定位故障。因此，需要研究针对未知新故障的诊断技术。此外，在完成故障诊断工作，定位到故障源之后，还需要通过排故作业来实现故障排除。目前，维修人员主要通过逐条排查维修手册来获得相应的排故信息和维修信息。然而，对于缺乏维修排故经验的维修人员来说，从结构复杂的技术手册中快速准确地获取所需信息是一个极其烦琐的过程。因此，为了提高维修效率和节约维修时间，需要研究与现场维修排故过程搭配的信息组织方式以及智能的排故信息推送方法。

第 2 章　基于系统原理与功能结构树的飞机系统故障传播关系分析

飞机系统的结构、组成以及工作环境日益复杂，各个子系统之间的耦合关系也越来越紧密。众多相关文献表明，在深入研究复杂的飞机系统时，许多都涉及故障传播问题，如故障定位、故障检测、可靠性预测等。而复杂系统之间的故障传播路径和故障相互影响关系均与系统的功能结构层次有关，为了表达系统故障模式之间的因果关系，以及系统结构之间相互联系造成的故障，本章给出基于系统原理的故障传播关系分析思路，基于 FFA 方法对系统进行功能结构层次分析，基于功能结构层次开展飞机系统故障模式与传播关系分析，得到系统之间的故障传播机理关系，为复杂系统故障诊断建模奠定基础。

2.1　基于系统原理的故障传播关系分析思路

复杂系统的故障一般是由多种因素造成的，例如各个零部件的疲劳、磨损、老化等造成的系统结构失效，从而改变系统的固有特性，影响系统的正常输出；同时，外界的异常输入，如参数改变、安装出错、紧固件位置变化等引起的系统功能失效，也会改变系统的工作状态。当系统出现异常输出时，由于系统的复杂特点，故障可能会影响上一级别的系统发生故障，这种影响将会根据系统的逻辑结构按照不同传播路径逐层、逐级地传播，直至整个系统发生故障，停止工作。因此，对系统进行故障诊断技术研究，必须对系统的故障传播机理以及复杂系统的故障性质进行充分的研究。

系统的故障特性是复杂系统的故障诊断在制定方案及方案实施过程参考的重要元素，复杂系统的故障性质主要具备以下几点[205]。

(1) 层次性。子系统众多是飞机系统结构上的一个典型特征，将系统划分为系统、子系统、部件以及零件等层次，可根据结构的层次性实现系统功能层次性，进而支持系统的故障与故障表征具有层次性的特性，准确开展故障分析工作。

(2) 传播性。故障的发生具有传播性，如系统某一部件或者零件发生故障，可以由此引发其他部件、子系统乃至系统发生相应的故障，称为纵向传播性；而由某一零件故障进而导致同一层次内的其他零件发生故障,称为横向传播性。故障传播实际上是一个故障的发生导致后继故障的连续发生。

(3) 相关性。系统故障往往不是单独发生,某一故障会对应若干故障表征;某一个故障表征也可能是多个系统功能故障导致的。在故障诊断技术研究过程中,不仅要关注系统的故障状态,而且要注意故障的动态变化过程。

(4) 不确定性。复杂系统的故障表征并非严格对应系统故障现象,其间有很大的信息不确定性,该特性也加深了故障诊断的难度,成为目前研究的热点之一。

一般来说,故障的传播实际上是异常输出信号的传播,这种传播机理和传播路径是从低层到高层的,传播路径也是不同的,因此一个原发性的故障可能会涌现多个故障现象。但是,不同系统或者同一系统的不同层次分系统的故障诊断方法也可能由于系统的性质差异而不同,故障诊断方法无法通用。鉴于此,需要针对不同系统、不同领域甚至同一系统不同层次的共同特性,建立统一的方法来适应各个诊断系统。

分析系统的故障传播机理实际上是分析系统功能、结构及其部件故障等的内在关系。通过收集一系列技术资料,进行功能故障分析,获取故障模式、机理的传播途径和影响,并将分析结果用功能结构树的形式进行知识表达,故障传播机理分析过程如图 2.1 所示。先将系统分解得到系统的结构关系图,在此基础上加入状态变量得到功能图,然后在功能图中将故障模式与状态变量进行联系,从而反映故障传播和影响关系,形成功能故障模型。

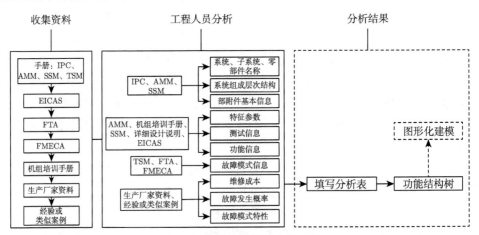

图 2.1　故障传播机理分析过程

(IPC: 图示零件手册, illustrated parts catalog; AMM: 飞机维修手册, airplane maintenance manual; SSM: 系统简图手册, system schematic manual; TSM: 运输性总结手册, transportation summary manual; FTA: 故障树分析, fault tree analysis; FMECA: 故障模式、影响和危害性分析, failure mode, effects and criticality analysis)

2.2 基于 FFA 的飞机系统功能结构层次分析

由于飞机系统结构和功能的复杂性，分析故障模式及其影响关系时工作量巨大，若系统产品层次划分不明确，这将使得故障诊断分析工作很难开展下去。因此，对于复杂系统，为了便于故障建模，需要对系统进行相应的分解，在故障诊断之前采用 FFA 进行系统功能故障分析，并参照适用于电子、电气、液压和机械等产品的标准《产品层次、产品互换性、样机及有关术语》(GJB 431—1988)，对飞机系统进行功能结构层次划分。

FFA 是用来分析系统以获取可以表征系统结构的高级功能的模型，主要是分析系统的能量、材料和数据流的物理联系、所有传感器信息、系统每个组件的故障模式、故障模式影响的传导和沿模型连接路径进行故障影响传导的特征时间。使用 FFA 方法可以将组件和子系统的功能信息、组件与子系统及系统间的交互、组件的故障模式和组件间故障影响的传导都建模和整合在一个统一的框架内。此方法提供了一个连贯的、一致的、规范的结构，可以捕捉组件、故障模式和组件功能之间的联系。

考虑到故障的传播问题，需要根据系统的结构和功能关系进行相应的调整，可将系统的层次划分成有序的递阶关系。顶层为系统层，为两个或多个子系统的集合，由所需的组件、部件或零件组成。而子系统又可以分为子子系统或零件。层次划分的原则主要是方便故障诊断和辅助维修决策，不一定按照传统的划分方式。故障诊断的目的是维修决策，而我国维修体系也是分级的，可采用与其相适应的层次划分方法。

系统结构主要定义的是系统划分的层次和系统组成元素列表，通过分析收集到的资料获得系统各个组件的功能，将系统进行功能模块划分，功能可以看作输入及输出变量间的关系，变量之间通常有能量、数据流等，流属性描述了变量间的状态参数，通过系统内的输入输出流属性进行功能之间的因果关系描述，有利于解释故障产生的原因和造成的后果。

2.3 基于功能结构层次的飞机系统故障模式
与传播关系分析

2.3.1 故障特征信息分析

为了对系统运行中所有可能发生的故障进行建模，对系统各模块的故障模式集和故障模式属性等特征信息进行分析。

1) 故障信息分析

故障模式与影响分析 (FMEA) 是可靠性工程中常用的分析方法之一。它采用系统分割的概念，对组成系统的子系统、部件、零件等逐个分析可能发生的故障和故障呈现的状态 (故障模式)，并进一步分析故障对所属部件乃至整个系统产生的不利影响。本章以 FMEA 分析为基础，结合故障维修手册等多种技术报告对系统进行基本的故障模式分析，从而为后面建立测试诊断模型提供故障信息上的支持。故障信息可以包括但不限于以下内容：故障位置、故障模式、故障发生概率等。

2) 可预测属性

为了使测试诊断模型能评估系统的故障预测能力，其模型信息能支持诊断预测，需要在系统故障信息中加入预测信息，本书首先在故障信息中加入预测属性。系统中并不是所有的故障都可以开展故障预测，例如，磨损故障是一个逐渐发展的过程，通过一定的监测手段可以对其进行状态监测进而展开故障预测；而某些故障具有突发性和偶然性，事先没有故障预兆，也无法对其进行状态监测，如电源断路故障往往发生在极短的时间内，所以无法对其进行故障预测。因此本书建立的测试诊断模型对故障定义了是否支持预测的属性，首先需要判断该故障类型是否支持故障预测。

3) 故障状态划分

在传统的测试性模型中测试对系统的故障响应只有故障和正常两种情况。而系统实际的故障发生往往是一个长期积累的过程，系统从正常状态经过一步步性能退化最终发展到故障状态，其中会有多个不同的故障状态表现。传统的方法没有把故障状态进行更细致的划分，无法描述故障的具体发展过程，因此也不能支持系统的视情维修和故障预测。本书从预测与健康管理的角度出发对故障状态进行分级，例如，可以将一个故障的发展过程划分为正常、退化、恶化和完全故障等。故障状态划分的标准应取决于具体的对象系统和故障模式，可以由标准值、历史非故障测试值、故障测试值等综合分析确定。系统具体的故障状态可以通过实际的测试数据值辅以一定的方法来识别确定。故障状态的划分不仅能更真实地描述故障的发展过程，而且可以用于故障预测，通过确定系统当前的故障状态从而计算系统剩余的使用寿命。

2.3.2　故障模式及传播影响分析

故障模式、影响和危害性分析 (FMECA)[206] 是在产品设计过程中，通过对产品的各组成单元 (元器件或功能块) 潜在的各种故障模式及其对产品功能的影响，以及产生后果的危害程度进行分析,提出可能采取的预防改进措施,以提高产品可靠性的一种设计分析方法。它主要包括两个内容,即故障模式影响分析 (FMEA) 和危害性分析 (criticality analysis, CA)。故障模式影响分析主要是通过表格或报告的形式分析系统的所有潜在的故障模式,并对该故障进行由最底层 (底层故障) 到上层 (端点故障) 的故障传播影响分析。通过 FMEA 方法全方位掌握系统的故障发生情况,系统故障之间存在的传播关系,这种关系一般是由低层次向高层次传播。图 2.2 为某型飞机发动机引气系统内部的压力调节关断活门 (pressure regulating shutoff valve, PRSOV) 发生故障,该活门堵塞无法进行引气调节从而导致发动机引气子系统 (BAS) 故障,引气一旦失效则空气管理系统也会跟着出现故障,最后导致整个飞机系统都无法工作。此外,虽然复杂系统故障具有层间传播性,但对于不同层级的模块,故障模式表现形式却不尽相同。如图 2.2 所示,PRSOV 的故障表现形式为堵塞在关位;PRSOV 的上级模块 BAS 的故障表现形式为引气异常关闭或引气压力输出低;而对于 BAS 的上级模块空气管理系统,又可能出现引气失效、失去机翼防冰的故障表现形式。由此可见,虽然较高层级模块的故障可能是由较低层级模块的故障引起的,但是两者所呈现的故障是完全不一样的。因此本书将不同层级不同表现形式的故障作为独立的故障模式处理。较高层级故障和较低层级故障存在一对多的关系。由于对模型中的每个层次、每个模块单独定义了故障模式,在进行飞机故障诊断时,可以根据所处的维修场合,只分析对应维修级别所关注的层级故障模式。如此分层诊断,能够减少各级维修单位的诊断工作量,从而提高故障隔离的效率。

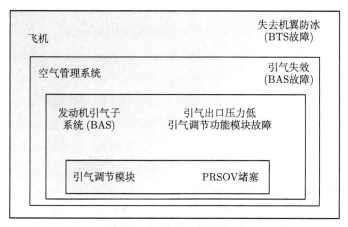

图 2.2 故障层次性示意图

(BTS:引气温度传感器, bleed air temperature sensor)

2.3.3　基于功能结构树的故障传播知识表示

通过上面系统功能结构层次分析以及 FMEA 分析，得到每个功能模块的功能–结构–状态–故障关系的深层知识。把各个层次节点的分析结果进行关联，以功能结构树的形式展现。采用基于功能结构树的方法进行故障传播知识表示主要有如下意义。

(1) 功能结构树里包含故障诊断信息的相关内容，体现了诊断对象的功能、结构、故障之间的关系以及状态变量等数据属性。

(2) 功能结构树能够描述复杂系统之间的结构层次关系，从而将故障模式之间传播的因果关系和层次关系体现出来。

(3) 当诊断知识改变时，只需要对结构树的层次节点进行修改维护，因此可以降低维护成本和维护难度，从而有效适应故障诊断信息的变化。

(4) 功能结构树以框架的形式进行数据的存储和管理，方便采用数据库的形式进行管理，为实现智能诊断知识库提供了条件。

功能结构树可以用二元组的形式表示，记作 $T = (N, R)$，其中，$N = (N_1, N_2, \cdots, N_n)$ 表示功能结构树中的层次节点集合；$R = \{\langle N_i, N_j \rangle\} = \{R_{ij} \mid i \neq j\}$ 表示功能结构树中的节点关系集合，也反映了系统之间层次划分的关系。

树中的每个层次节点 N_i 可以用六元组的形式表示，记作 $N_i = \{\langle \text{CI} \rangle, \langle \text{PI} \rangle, \langle \text{PO} \rangle, \langle B \rangle, \langle \text{FI} \rangle, \langle \text{FO} \rangle\}$，其中，元素 CI、PI、$B$、FI、FO 均含有属性值，具体属性表示方式为

$$\langle \text{CI} \rangle ::= \langle \text{Name} \rangle \langle \text{ID} \rangle$$

$$\langle \text{PI} \rangle ::= \langle \text{Value} \rangle \langle \text{Range} \rangle \langle \text{Unit} \rangle$$

$$\langle \text{PO} \rangle ::= \langle \text{Value} \rangle \langle \text{Range} \rangle \langle \text{Unit} \rangle$$

$$\langle B \rangle ::= \langle \text{Behavior} \rangle \langle \text{Condition} \rangle$$

$$\langle \text{FI} \rangle ::= \{\langle \text{Faliure Effect} \rangle \langle \text{Condition} \rangle\}$$

$$\langle \text{FO} \rangle ::= \{\langle \text{Faliure Cause} \rangle \langle \text{Condition} \rangle\}$$

其中，CI 为层次节点识别特征，其他的为每一级层次节点框架结构内的 5 个槽；槽 PI 为状态变量的输入变量，槽 PO 为状态变量的输出变量，变量主要包括值、阈值以及单位；槽 B 为子功能描述，表示功能行为过程和生效条件；槽 FI 为底层故障模式，包括故障模式的影响关系和故障发生条件；槽 FO 为端点故障模式，包括故障模式的产生原因和故障发生条件。

2.4 实 例

2.4.1 气源系统功能结构层次分析

本章选取气源系统作为研究应用对象。气源系统作为飞机环控系统的一部分,主要作用是对来自发动机、辅助动力装置 (auxiliary power unit,APU) 或者地面高压气源的引气分配进行控制和监视。气源系统在飞机上的装置位置如图 2.3 所示。

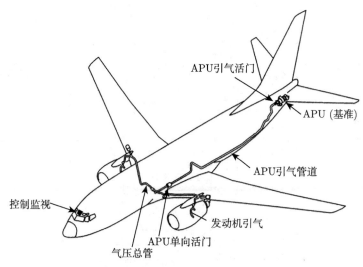

图 2.3 气源系统装置位置示意图

收集某型飞机气源系统的相关手册 (IPC、AMM、SSM、TSM 等)、EICAS、FTA、FMECA、机组培训手册、生产厂家资料以及经验或类似案例等一系列技术资料,依据气源系统结构组成及系统工作原理,将气源系统划分为五个子系统 (图 2.4):

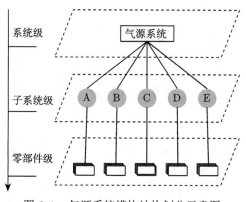

图 2.4 气源系统模块结构划分示意图

APU 引气系统 (A)、发动机引气系统 (B)、地面气源引气系统 (C)、交输活门引
气系统 (D) 和控制监视系统 (E)。结合故障传播分析的特点以及气源系统功能关
系，分析得到气源系统的功能关系，如图 2.5 所示。

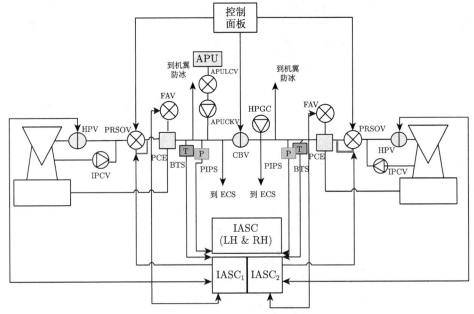

图 2.5   某型飞机气源系统功能关系图
(APUCKV：APU 单向活门，auxiliary power unit check valve；FAV：风扇空气活门，fan air valve；HPV：
高压活门，high pressure valve；PCE：预冷器，precooler；IPCV：中压单向活门，intermediate pressure
check valve；CBV：交叉引气活门，cross bleed valve；HPGC：高压地面接口，high pressure ground
connector；IASC：综合空气系统控制器，integrated air system controller；LH：左手，left hand；RH：右
手，right hand；APULCV：辅助动力系统负荷控制阀，auxiliary power unit load control valve；ECS：环境
控制系统，environmental control system)

2.4.2 气源系统功能结构树

将气源系统划分成有序的递阶层次。最高层 (系统级) 为诊断系统，中间层是分
系统或子系统，最底层 (LRU 级) 是零部件 (图 2.4)。对气源系统每个部附件进行
系统功能故障分析，包括过程变量选择、子功能划分和行为定义、典型故障分析。

1. 过程变量选择

过程变量部分显示的是变量名、正常值、变量单位。遵循有利于解释故障的
原因及后果的原则选择气源系统的特征参数。对每一特征参数依据确定工况下故
障发生和传播的规律确定正常理论值，正常理论值是瞬时样本中获得节点状态界
限值的判断依据。由于实际运行工作条件多变，动态特性复杂，正常理论值可以

是确定的阈值范围，也可以是一个状态函数。经过气源系统功能参数分析，以气源系统的 APU 引气分系统为例，其特征参数状态函数见表 2.1。

表 2.1 APU 的特征参数状态函数

B_{APU}	C_{APULCV}	V_{APULCV}
1	1	1
0	0	0

2. 子功能划分和行为定义

子功能部分显示的是功能描述、行为过程、功能生效条件。其中行为过程有多个时以"/"隔开。行为过程、功能生效条件可为空。

3. 典型故障分析

典型故障部分显示的是故障模式、异常行为、上一层影响、故障原因。其中异常行为、上一层影响、故障原因有多个时以"/"隔开。异常行为可为空。

基于上述分析，将气源系统的分析结果存入气源系统功能结构树，形成一个知识库，每个系统或者部件附近形成一个框架结构，每个子框主要包括过程变量 (状态变量)、子功能以及典型故障 (底层故障和端点故障) 这三个部分，部分气源系统 (以 APU 引气子系统为例) 的功能结构树如图 2.6 所示。

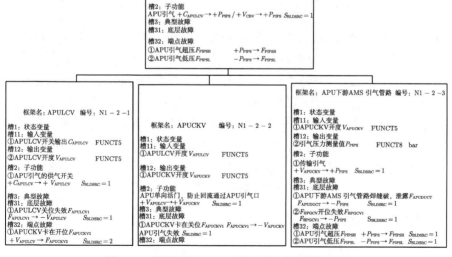

图 2.6 某型民机 APU 引气系统功能结构树图
(AMS：自动舱驾驶系统，automated manifest system)

第 3 章 基于系统原理与多信号流的飞机系统测试性分析

通过测试性分析可了解现有系统故障诊断的难易程度，为故障诊断提供帮助。测试性模型是测试性分析的基础，好的模型应能够最大限度地集成测试性相关的信息，且在信息相对缺乏的时候易于建模。飞机系统零部件众多，故障模式也相应地在数量和种类上呈现出多样性，因此需要安排多个测试点及测试，如果不对其进行统筹规划，那么将会耗费大量的时间和资金。为了达到测试时间最短、测试费用最低的目标，在测试执行前，必须明确至少要执行哪些测试以及每个测试被执行的先后顺序，这就是最优测试序列问题。多信号流图模型改进了信息流模型将多维信号映射到一维空间的缺陷，本章详细介绍了多信号流图模型测试性建模方法，基于已建立的系统测试性多信号流模型，针对传统 D 矩阵以及 AO* 算法存在的缺陷，给出扩展 D 矩阵，以及基于 DPSO-AO* 算法的测试策略优化方法，建立气源系统的测试性分析模型，开展测试性分析，得到最优测试序列。

3.1 基于系统原理与多信号流的飞机系统测试性建模技术

测试性模型的建立是测试性分析的基础，好的模型应能够最大限度地集成测试性相关的信息，且在信息相对缺乏的时候易于建模。相关性模型是由系统结构抽象出来的一种模型，它将故障与测试或测试与测试之间的因果关系以有向图的形式表示，其中多信号流图模型是目前被广泛应用的一种相关性模型。它改进了信息流模型将多维信号映射到一维空间的缺陷，提出多维的故障空间，并将故障分为全局故障和功能故障两类，并且该模型只关注于对象的故障空间，只对相关性本质进行建模，而不需要建立精确的定量关系。多信号流模型近年来在包括航空、航天、军事的诸多领域被广泛应用。

3.1.1 多信号流模型基本理论

1. 多信号流模型概念

多信号流模型是一种有向图模型，该模型由节点和有向边组成，其中节点又分为模块节点、测试节点、开关节点和与节点四种类型。一个基本的多信号流模型可仅由模块节点、测试节点和有向边三个部分组成，如有一些特殊需求则可使用开关节点和与节点。多信号流模型的各组成部分描述如下。

(1) 模块节点：系统的功能单元，任何级别的可更换单元都可以是模块节点。

(2) 测试节点：指测试在物理或者逻辑上的位置，一个测点可以包括多个测试。

(3) 开关节点：可以改变系统模块的连接方式，从而达到实现系统多个工作模式或者中断反馈回路的目的。

(4) 与节点：反映了系统的冗余特性，其本质是一个表决系统。与节点的输入端点连接冗余模块，输出端点连接后续模块，当输入模块中故障模块所占百分比超过与节点设定的阈值时，故障影响才会通过与节点传播到后续模块。

(5) 有向边：用于连接两个节点，其方向表示故障影响传播的方向或者测试信息流动的方向。

2. 模型元素

测试性分析与设计涉及的最主要的内容有三个：故障、测试及两者之间的相关性。故障或失效是指设备在工作过程中，因某种原因 "丧失规定功能" 的现象。多信号模型中将故障区分为两类：功能故障 (functional failures) 和全局故障 (global failures)。功能故障是指某单元的故障仅影响自身的正常功能，而不会影响其他单元的正常功能；全局故障是指某单元的故障不仅导致自身无法正常工作，还会影响到后续其他单元的正常运行。以一个滤波器为例，"超出容限" 这一故障模式引起的是功能故障，而短路引起的则是全局故障。

多信号模型中的信号：指表征系统或其组成单元特性的特征、状态、属性及参量，既可为定量的参数值，又可以为定性的特征描述，并能够区分为正常和异常两种状态，相应测试结论为通过或不通过。

故障单元：被测对象的组成部件，不论其大小和复杂程度，只要是故障隔离的对象，修复时需要更换的，就称为故障单元。实际上，诊断分析真正关心的是组成单元发生的故障，所以组成单元可以用所有故障来代表，它们具有相同或相近的表现特征，在故障单元这一元素中不进行区分。

测试：指为确定被测对象状态并隔离故障所进行的测量与观测的过程，将常用的测试手段都视为测试，本书将所有的观察、检测、检查、征兆均认为是一种测试，测试过程中可能需要有激励和控制，观测其响应，如果其响应是所期望的，则认为正常，否则认为故障。

测试点：指进行测试时，获得所需状态信息的任何物理位置，是 UUT 所用的电气连接点，包括信号测量、输入测试和控制信号的各种连接点。一个测试可存在于不同的测试点，一个测试点也可以安排一个或多个测试。

　　相关性：指故障单元和测试点之间、两个故障单元之间以及两个测试之间存在的因果逻辑关系。如果 F_i 发生故障，T_j 的测试结果是不正常的，反过来，如果 T_j 的结果通过了，F_i 是正常的，那么，测试 T_j 依赖于故障单元 F_i，T_j 和 F_i 就是相关的。仅仅表明一个测试与其输入组成单元以及直接输入该组成单元的任意测试点的逻辑关系，称为一阶相关性，各个测试和各个组成单元之间的逻辑关系称为高阶相关性，高阶相关性可由一阶相关性推理得到。系统单元之间的连接表示单元之间的因果依赖关系，如果某组成单元出现故障，那么它会影响从该单元开始沿箭头方向经过的所有单元。

　　根据《可靠性维修性保障性术语》(GJB 451A—2005) 中的定义，故障是指"产品或产品的一部分不能或将不能完成预订功能的事件或状态"。而测试是指"在真实和模拟的条件下，为确定产品的性能、特性、适用性或是否有效可靠地工作，以及查找故障原因和所在部位所采取的措施、操作过程或活动"。相关性是指某个物理或概念的实体与另一实体之间的因果关系，这种关系具有指向性。例如，某个测试能观测到某个故障，则称该故障与该测试相关，或称该故障依赖于该测试。如果由某故障的发生可以推出某测试不通过，并且由该测试通过可以推出该故障未发生，则称该测试与该故障是互相关的，该测试即为一个对称测试。如果由该故障发生可以推出该测试不通过，而该测试通过无法推出该故障未发生，则称该测试为非对称测试。简而言之，如图 3.1 所示，当模块发生功能故障时，会对系统产生一定的故障影响，这种影响将通过"功能信号"反映出来。而每个测点会包含一个或多个测试，每个测试能检测到一个或多个"功能信号"，这样通过功能信号就能将测点和模块功能故障联系起来。例如，在某个电路中，某个电

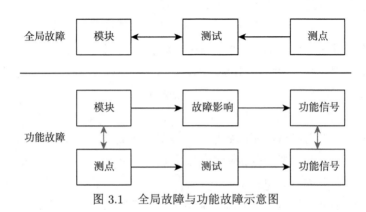

图 3.1　全局故障与功能故障示意图

阻发生短路或者断路导致整个电路无法正常工作，这种电阻的短路或者断路即为全局故障。如果某个电阻的阻值发生了变化，导致电路输出电压偏低，此处的电阻阻值变化即为一种功能故障，输出电压偏低为一种故障影响，电压即为一个故障影响导致的功能信号。只有当"电压"信号可以通过某一路径到达某测试，并且该测试能检测到电压信号时，才能称电阻阻值变化的故障与该测试相关。如果该测试只能检测到电流信号而不能检测到电压信号，则该故障与该测试不相关。

3. 相关性矩阵及测试性参数

相关性矩阵是反映各实体间相关性的布尔矩阵。如某个测试 t_j 能观测到某个故障 f_i，即该故障与该测试"相关"，则相应的矩阵元素 ft_{ij} 为 1。如某个测试 t_j 不能观测到该故障 f_i，则这两者之间"不相关"，则相应的矩阵元素 ft_{ij} 为 0。这样一系列的故障与测试就组成了相关性矩阵，记为

$$
\mathrm{FT} = \begin{array}{c} \\ F_1 \\ F_2 \\ \vdots \\ F_m \end{array} \overset{\begin{array}{cccc} T_1 & T_2 & \cdots & T_n \end{array}}{\left[\begin{array}{cccc} ft_{11} & ft_{12} & \cdots & ft_{1n} \\ ft_{21} & ft_{22} & \cdots & ft_{2n} \\ \vdots & \vdots & & \vdots \\ ft_{m1} & ft_{m2} & \cdots & ft_{mn} \end{array} \right]}
$$

其中，矩阵的行矢量 $F_i = [ft_{i1}, ft_{i2}, \cdots, ft_{in}]$ 为故障 f_i 发生时所有测试的观测结果，即故障 f_i 的征兆；矩阵的列矢量 $T_j = [ft_{1j}, ft_{2j}, \cdots, ft_{mj}]^{\mathrm{T}}$ 为测试 t_j 能检测到的所有故障，反映了测试 t_j 的故障诊断能力。

对于一个系统，可以通过以下几个参数来衡量其测试性的优劣。

(1) 未覆盖故障 (uncovered faults)：系统中所有可用测试都无法检测到的故障，对应相关性矩阵的全零行。

(2) 冗余测试 (redundant tests)：有相同检测信号的一组测试，即这组测试能检测隔离的故障完全相同，对应相关性矩阵的相同列。

(3) 模糊组 (ambiguity group)：一组拥有相同故障征兆的故障，即由同一组测试检测出的多个故障，对应相关性矩阵中的相同行。

(4) 隐含故障 (hidden faults)：当某组测试集能检测到某特定故障时，该测试集的子测试集所能检测到的故障即为隐藏故障，在相关性矩阵中体现为 $F_i \subset F_j (i \neq j)$。当该特定故障发生时，无法确定隐含故障是否发生，因此易导致漏诊。

(5) 伪故障 (false failures)：当某组故障同时发生时，它们故障征兆的叠加与其他某个故障的故障征兆完全相同，在相关性矩阵中体现为 $F_i + F_j = F_k(i \neq j \neq k)$。伪故障发生时，易导致误诊。

(6) 反馈回路 (feedback loop)：反馈回路会导致模糊组的产生，只有打破反馈环才能避免此问题的产生。

(7) 故障检测率 (fault detect rate，FDR)：是指在规定的时间内用规定的方法正确检测到的故障数 N_D 与被测单元发生的故障总数 N_T 之比，即

$$FDR = \frac{N_D}{N_T} \times 100\% \tag{3.1}$$

当故障率为常数时，计算方法为

$$FDR = \frac{\lambda_D}{\lambda} \times 100\% \tag{3.2}$$

其中，λ_D 为被正确检测到的故障模式的总故障率；λ 为所有故障模式的总故障率。

(8) 故障隔离率 (fault isolation rate，FIR)：是指在规定的时间内，使用规定的方法正确隔离故障到不大于规定的可更换单元的故障数 N_L 与同一时间内已检测到的故障数 N_D 之比，当用于数学计算时，计算方法为

$$FIR = \frac{N_L}{N_D} \times 100\% \tag{3.3}$$

当故障率为常数时，计算方法为

$$FIR = \frac{\lambda_L}{\lambda_D} \times 100\% \tag{3.4}$$

其中，λ_L 为被隔离到不大于 L 个可更换单元的故障模式的故障率之和；λ_D 为被检测出的所有故障模式的故障率之和。

由此可见，通过相关性矩阵，首先可以分析得到不可测故障、故障模糊组和冗余测试；其次，结合每个故障的故障率等数据，可以进一步分析得到系统的故障检测率和故障隔离率；最后，结合测试时间以及成本等数据，能进一步得到测试性方案设计和诊断策略设计等内容，详见 3.1.4 节。因此，建立系统的相关性矩阵对于测试性设计与分析工作有着至关重要的作用。多信号流模型分析每个故障节点沿着传播路径所能到达的测试节点，建模简单，容易得到相关性矩阵。

3.1.2 SDG 图模型方法

1. 符号有向图 (SDG) 概念

符号有向图 (SDG) 是复杂系统的一种描述方式，它是一个由节点和节点之间有方向的连线, 又称支路构成的网络图 (图 3.2)。有向图中的节点对应所描述系统的状态变量，边表示节点间的直接影响关系。用实线箭头 (或用 " + ") 和虚线箭头 (或用 "−") 分别表示正作用 (增强) 和反作用 (减弱) 。

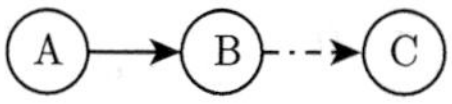

图 3.2　SDG 示意图

2. SDG 诊断方法

SDG 诊断步骤如下。

(1) 输入一个由观测节点组成的瞬时样本。

(2) 删除无效节点。

(3) 从每个有效节点出发向前上溯，并将有效节点按照传递关系连接起来，做出标记，直到所有有效节点都被纳入这棵树为止。

(4) 从故障源根节点出发，生成代表故障解释的有向子图。

(5) 检测到的特征参数同故障节点的某个传播解释匹配时，就可以认为该解释是可能的故障源。

3.1.3 多信号流图建模步骤

信息流模型是将依赖模型的集合覆盖到结构模型上，而多信号流图模型兼顾了二者的优点，它是多个信息流模型的叠加，在分析了系统结构和功能的基础上，以有向图的形式表示信号流向和各组成单元及故障模式之间的构成及相互连接关系，并通过定义信号以及故障模式、测试与信号之间的相关性来表征系统组成、功能、故障及测试之间相关性。

从形式上讲，一个多信号流图由以下元素组成 [207]。

(1) 故障单元有限集 $C = \{c_1, c_2, \cdots, c_L\}$ 以及一个与系统关联的独立信号有限集 $S = \{s_1, s_2, \cdots, s_K\}$。

(2) 包括了 n 个可用测试的有限集 $T = \{t_1, t_2, \cdots, t_n\}$。

(3) 包括了 p 个可用测试点的有限集 $\mathrm{TP} = \{\mathrm{TP}_1, \mathrm{TP}_2, \cdots, \mathrm{TP}_p\}$。

(4) 每个测试点 TP_p 进行的测试集用有限集 $\mathrm{SP}(\mathrm{TP}_p)$ 表示。

(5) 每个故障单元 c_i 影响的信号集为 $\mathrm{SC}(c_i)$。

(6) 每个测试 t_j 检测的信号集为 ST (t_j)。

(7) 有向图 DG $= \{C, \mathrm{TP}, E\}$，其中，E 为某个组件指向另一个组件的有向线段，代表着模块功能上的依赖关系。

进行多信号流图建模的主要步骤如图 3.3 所示。

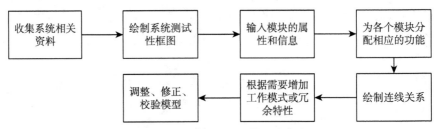

图 3.3　多信号流图建模主要步骤

结合 SDG 图模型方法，多信号流图建模详细步骤如下。

(1) UUT 组件划分。将诊断对象划分成有序的递阶层次并分解为若干独立的组件。组件是指一个便于分析的零部件或单元体的组合，故障诊断的目的是寻找出可以整体更换的故障组件，因此 UUT 划分到可更换部件级别。组件在多信号流图模型中由方框表示。按系统功能将各组件按信号流向用有向线段连接。

(2) 故障模式、影响和危害性分析 (FMECA)。通过系统分析，确定分系统、零部件所有可能的故障模式，以及每个故障模式的原因及影响。

(3) 添加独立信号集。根据每个故障模式产生的原因，获取与之相关的独立信号集，将信号添加到组件当中，在图形化的模型中，信号由方框内的 ○ 符号表示。对于每个信号需要确定其工作的阈值。本书中阈值的上下限由故障发生和传播的规律经反复试验后确定。

(4) 添加可用测试点、测试。为了隔离定位故障，需要检测 UUT 组成单元的输出特性和功能。在初选测量参数和对应测试点时，应将代表 UUT 功能和特性的输出作为故障检测用的参数和测试点，而 UUT 内部各组成单元的功能和特性输出选为故障隔离用测试点。并且根据信号种类的不同选择适当类型的测试。在图形化模型中，测试点用符号 ⑪ 表示，并与对应的信号相连。

(5) 校验和修正模型。

3.1.4　实例

1. 某型飞机气源系统组成及功能分析

根据 3.1.3 节所述的多信号流图建模步骤，在进行测试性建模之前，需先深入解读系统相关的设计资料，对系统结构功能进行深入分析，才能正确绘制该系统的测试性框图。某型飞机气源系统由发动机引气子系统、APU 引气子系统、地面高压气源子系统、控制监视子系统和交输引气活门组成,其原理图如图 3.4 所示。

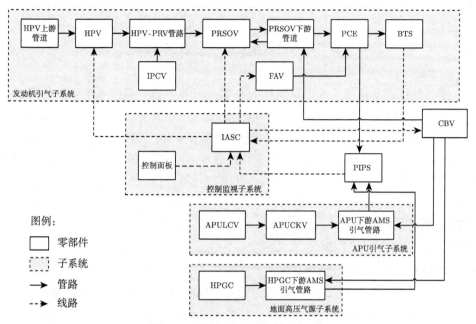

图 3.4 某型飞机气源系统原理图
(PRV: 压力调节器, pressure regulating valve)

各子系统的功能如下。

1) 发动机引气子系统

该型号飞机具有左、右两套相同的发动机引气系统,并用交输引气活门 (CBV) 隔离。正常飞行时,双发引气供空调系统和座舱增压,需要时也供机翼防冰和发动机短舱防冰使用。系统一般情况下采用发动机 5 级引气,压力不足时自动切换到 9 级引气。系统装有两个 PRSOV,以调节和关断引气压力。在引气系统左、右 PRSOV 下游各设有一套 PCE,用于冷却引气系统高温压缩空气,以及用于实现引气温度控制、过热和低温保护功能。

2) APU 引气子系统

APU 引气子系统主要用于主发动机启动和为空调系统提供压缩空气,必要时在飞行高度 4500m 以下也可为空调系统提供用气。当在控制面板上选择 APU 作为气源给发动机启动或者空调系统供气时,APU 加载活门 (APULCV) 打开,发动机启动活门打开,位于 APU 引气活门下游的 APU 单向活门 (APUCKV) 在气流作用下克服弹簧力打开,将气流供至引气分配总管。

3) 地面高压气源子系统

地面高压气源为发动机启动的备用高压气源，必要时也可用作空调系统地面气源。通常以机场的地面气源车作为发动机启动地面备用气源。地面气源经高压地面接口 (HPGC) 及发动机起动管路供入发动机起动器。HPGC 主要用于连接地面高压气源车，将地面气源供给发动机起动或者空调系统使用。

4) 控制监视子系统

控制监视子系统用于指示引气压力和温度参数，监控引气系统附件是否正常工作，并对引气管路泄漏进行探测，以保证下游用气安全，防止对机体或其他系统造成危害。该系统通过综合空气系统控制器 (IASC) 与航电系统交联控制。对于气源系统，IASC 依据系统构型、PIPS 信号、全权限数字发动机控制器 (full authority digital engine control，FADEC) 信号等发出 HPV 开关指令以控制引气源的选择和转换，控制 PRSOV 和 CBV 活门开关位置完成 AMS 交输引气功能和引气压力关断功能。此外，IASC 接收引气温度传感器 (BTS) 的信号，按要求调节 FAV 开度，以控制 PCE 热边出口温度。

5) 交输引气活门 (CBV)

CBV 用于连接或隔离左右发动机引气、发动机启动供气、APU 引气等。CBV 作为一个独立的功能单元安装在左、右发动机引气系统出口管路上，位于后设备舱。

飞机在飞行及地面工作过程中，气源系统运行与飞机及动力装置实时状态相适应，气源选择和工作过程在各状态下不断切换运行。

2. 气源系统测试性模型要素分析

在气源系统各组成子系统中，除了控制监视子系统设有自检功能，无须设置测试功能，其余四个子系统均为气源系统的潜在故障源。根据 3.1.3 节所述的多信号流图测试性建模方法，某型民机气源系统测试性模型要素如下。

(1) 系统故障源集 $C = \{C_1, C_2, \cdots, C_{14}\}$。其中，$C_1$ 为中压单向活门 (IPCV)；C_2 为高压活门 (HPV)；C_3 为 HPV-PRV 管路；C_4 为调节关断活门 (PRSOV)；C_5 为 PRSOV 下游管道；C_6 为预冷器 (PCE)；C_7 为引气温度传感器 (BTS)；C_8 为风扇空气活门 (FAV)；C_9 为 APU 加载活门 (APULCV)；C_{10} 为 APU 单向活门 (APUCKV)；C_{11} 为 APU 下游 AMS 引气管路；C_{12} 为高压地面接口 (HPGC)；C_{13} 为 HPGC 下游引气管路；C_{14} 为交输引气活门 (CBV)。

(2) 与故障源相关的独立信号特征集合 $S = \{S_1, S_2, \cdots, S_{21}\}$。气源系统可能出现的故障模式以及关联信号汇总如表 3.1 所示。

表 3.1 气源系统故障模式及关联信号汇总

单元	单元故障模式	故障关联信号
C_1	IPCV 开位失效 F_{IPCV1}	IPCV 开度 V_{IPCV}
	IPCV 关位失效 F_{IPCV2}	HPV 出口压力 $P_{\text{HPV-OUT}}$，IPCV 开度 V_{IPCV}
C_2	HPV 开/关位失效 F_{HPV}	HPV 开度 V_{HPV}
C_3	导管焊缝破裂 F_{DUCT1}	HPV 出口压力 $P_{\text{HPV-OUT}}$
C_4	PRSOV 开/关位失效 F_{PRSOV1}	PRSOV 开度 V_{PRV}
	PRSOV 内部泄漏 F_{PRSOV2}	PRSOV 出口压力 $P_{\text{PRV-OUT}}$
C_5	导管焊缝破裂 F_{DUCT2}	PRSOV 出口压力 $P_{\text{PRV-OUT}}$
	发动机引气超压/低压 F_{PIPS}	PRV 下游管道出口压力 P_{PIPS}
C_6	PCE 内部泄漏/效率降低 F_{PCE1}	PCE 热边出口温度 T_{PCE}
C_7	发动机引气超温/低温 F_{BTS}	发动机引气温度 T_{BTS}
C_8	FAV 开/关位失效 F_{FAV1}	FAV 阀门开度 V_{FAV}
	FAV 继电器不能吸收/释放 F_{FAV2}	FAV 供电输出变量 W_{FAV}
C_9	APULCV 关位失效 F_{APULCV}	APULCV 开度 V_{APULCV}
C_{10}	APUCKV 卡在开/关位 F_{APUCKV}	APUCKV 开度 V_{APUCKV}
C_{11}	引气管路焊缝破裂 F_{APUDUCT}	APUCKV 开度 V_{APUCKV}，输出变量 P_{APUOUT}
	APU 引气超压/低压 F_{PIPS}	APU 引气出口压力 P_{PIPS}
C_{12}	HPGC 活门在关位失效 F_{HPGCV2}	地面气源单向活门开度 V_{HPGCV}
	HPGCV 开位失效 F_{HPGCV1}	APU 引气出口压力 P_{PIPS}
	HPGC 接头破损 F_{HPGC}	地面气源单向活门开度 V_{HPGCV}
C_{13}	引气超压 F_{PIPS}	HPGC 下游管路出口压力 P_{PIPS}
C_{14}	CBV 开/关位失效 F_{CBV}	CBV 开度 V_{CBV}

(3) 根据表 3.1 中与故障相关的信号确定对应的测试，17 维测试集合 $T = \{t_1, t_2, \cdots, t_{17}\}$ 如表 3.2 所示。

(4) 13 维测试点集合 $\text{TP} = \{\text{TP}_1, \text{TP}_2, \cdots, \text{TP}_{13}\}$。在系统内的 13 个可用测试点处排布测试点，每个测试点对应的测试集分别为:$\text{SP}(\text{TP}_1) = \{t_1\}$,$\text{SP}(\text{TP}_2) = \{t_2, t_3\}$, $\text{SP}(\text{TP}_3) = \{t_4, t_5\}$, $\text{SP}(\text{TP}_4) = \{t_6\}$, $\text{SP}(\text{TP}_5) = \{t_7\}$, $\text{SP}(\text{TP}_6) = \{t_8\}$, $\text{SP}(\text{TP}_7) = \{t_9, t_{10}\}$, $\text{SP}(\text{TP}_8) = \{t_{11}\}$, $\text{SP}(\text{TP}_9) = \{t_{12}, t_{13}\}$, $\text{SP}(\text{TP}_{10}) = \{t_{14}\}$, $\text{SP}(\text{TP}_{11}) = \{t_{15}\}$, $\text{SP}(\text{TP}_{12}) = \{t_{16}\}$, $\text{SP}(\text{TP}_{13}) = \{t_{17}\}$。

表 3.2　气源系统测试集

序号	测试名称	监测信号	通过条件
t_1	IPCV 开度检视	V_{IPCV}	$C_{HPV}=1$, $V_{IPCV}=0$/ $C_{HPV}=0$, $V_{IPCV}=1$
t_2	HPV 出口压力检测	$P_{HPV-OUT}$	[2.3, 3.2] bar gauge
t_3	HPV 开度检视	V_{HPV}	$C_{HPV}=1$, $V_{HPV}=1$/ $C_{HPV}=0$, $V_{HPV}=0$
t_4	PRSOV 开度检视	V_{PRV}	$C_{HPV}=1$, $V_{PRV}=1$/ $C_{HPV}=0$, $V_{PRV}=0$
t_5	PRSOV 出口压力监测	$P_{PRV-OUT}$	[2.8, 3.3] bar gauge
t_6	PRV 下游出口压力监测	P_{PIPS}	[2.8, 3.3] bar gauge
t_7	PCE 热边出口温度监测	T_{PCE}	[190,260] ℃
t_8	发动机引气温度监测	T_{BTS}	[190,260] ℃
t_9	FAV 阀门开度检视	V_{FAV}	$+I_{FAV} \rightarrow +V_{FAV}$
t_{10}	FAV 供电输出监测	W_{FAV}	继电器吸合,$W_{FAV} \neq 0$/ 继电器释放,$W_{FAV}=0$
t_{11}	APULCV 开度检视	V_{APULCV}	$B_{APU}=1$, $V_{APULCV}=1$/ $B_{APU}=0$, $V_{APULCV}=0$
t_{12}	APUCKV 开度检视	V_{APUCKV}	$V_{APULCV}=1$, $V_{APUCKV}=1$/ $V_{APULCV}=0$, $V_{APUCKV}=0$
t_{13}	APUCKV 输出监测	P_{APUOUT}	[1.8, 2.6] bar gauge
t_{14}	APU 出口压力监测	P_{PIPS}	[1.8, 2.6] bar gauge
t_{15}	HPGC 开度检视	V_{HPGCV}	$C_{HPGCV}=1$, V_{HPGCV}/$C_{HPGCV}=0$, $V_{HPGCV}=0$
t_{16}	HPGC 出口压力监测	P_{PIPS}	[1.8, 2.6] bar gauge
t_{17}	CBV 开度检视	V_{CBV}	$C_{CBV}=1$, $V_{CBV}=1$/$C_{CBV}=0$, $V_{CBV}=0$

3. 气源系统测试性多信号流图模型

基于以上分析结果,基于多信号流图建模方法建立某型民机气源系统的测试性模型如图 3.5 所示。

有向图除了表明测试点与故障源的直接相关性,还可以反映出更高阶的相关性。例如,途中 TP₄ 测试点本是用于检测 PRSOV 下游出口压力的故障特征的,但根据图中信号流向该测试点还可检测到流向该测试点所有信号对应的故障源,故上游的 PRSOV 开度故障也可由 TP₄ 检测到。

4. 基于 TEAMS 的气源系统测试性模型建立

TEAMS 软件是由美国 QSI 公司开发的集成化系统软件平台,该软件最初用于美国军工领域,以满足美国军方对系统测试、故障诊断和系统维护的需要,后来在多个领域中都有所运用。TEAMS 软件采用图形化的交互式界面,基于多信号流图模型进行建模,同时还集成了故障检测和隔离算法,利用模型推理技术自动开展测试性分析、评估并给出建议。在测试性设计与分析过程中,对于未覆盖故障、冗余测试、模糊组、反馈回路等测试性缺点以及优选测点和反馈回路中断等测试性建议，TEAMS 软件都将直接在功能模块上标明，同时还能生成多种图文并茂的测试性分析报告，可以进行测试性模型的搭建与测试性指标的分析。下面将详细阐述使用 TEAMS 软件进行测试性建模的过程。

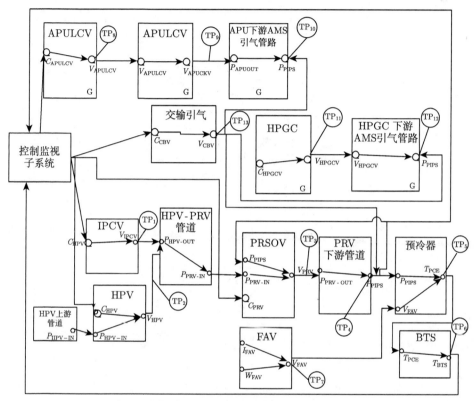

图 3.5　某型民机气源系统多信号流图测试性模型

首先，在 TEAMS 软件中搭建气源系统测试性模型，然后在模块相应位置添加测点。子系统级模型如图 3.6 所示，发动机引气子系统模型如图 3.7 所示，APU 引气子系统模型如图 3.8 所示，地面高压引气子系统模型如图 3.9 所示，控制监视子系统模型如图 3.10 所示，CBV 和 PIPS 为独立于上述子系统外的零部件。

其次，给模块添加相应的属性，此处以 HPV 为例。如图 3.11 所示，根据上述对系统的分析，分别输入模块对应的外观、输入输出、可靠性、功能信号、技术信息和维修资源等信息。部分数据较难获取，但为了便于验证模型的正确性，并对比测试性优化前后的效果，本书根据自身经验设定了相应取值。此外，认为 HPV、PRSOV、BTS、IASC 和 PIPS 存在全局故障，其他部件都只存在功能故障。在工程应用中可根据系统的具体情况，设定实际的取值。

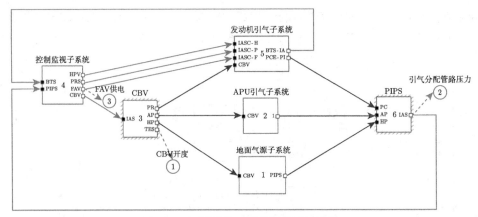

图 3.6　气源系统子系统级测试性模型
(IAS：仪表空气系统，instrument air system)

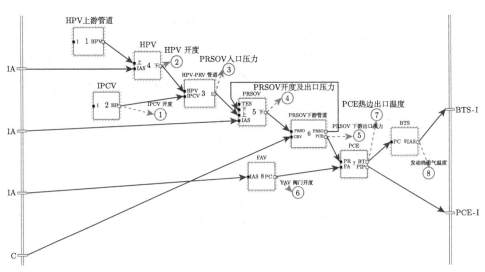

图 3.7　发动机引气子系统模型

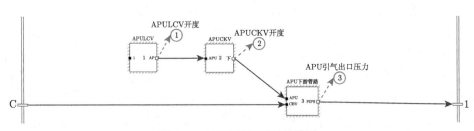

图 3.8　APU 引气子系统模型

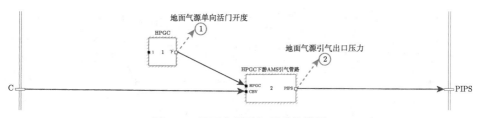

图 3.9 地面高压引气子系统模型

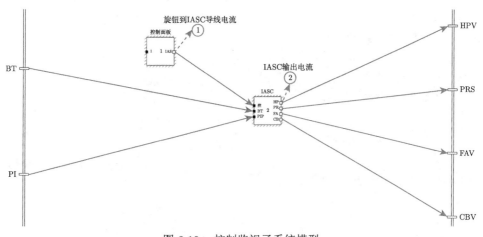

图 3.10 控制监视子系统模型

然后,给测点添加相应的属性,此处以 PRSOV 开度检测为例。如图 3.12 所示,对测点的基本信息、性能、功能、测试准备与所需资源、技术信息进行设置。同样,部分数据也将根据自身经验进行取值。

最后,可以根据需要查看系统的相关性矩阵、测试性分析报告以及诊断策略等文件,并以此优化、改进模型。

5. 基于 TEAMS 的气源系统测试性模型分析及优化

TEAMS 软件可以对系统进行静态分析以及测试性分析。静态分析包括系统固有测试性分析 (单故障分析)、多故障分析以及反馈回路分析,测试性分析可以得到相关性矩阵、测试性指标总体报告、故障诊断树等,具体如图 3.13 所示。

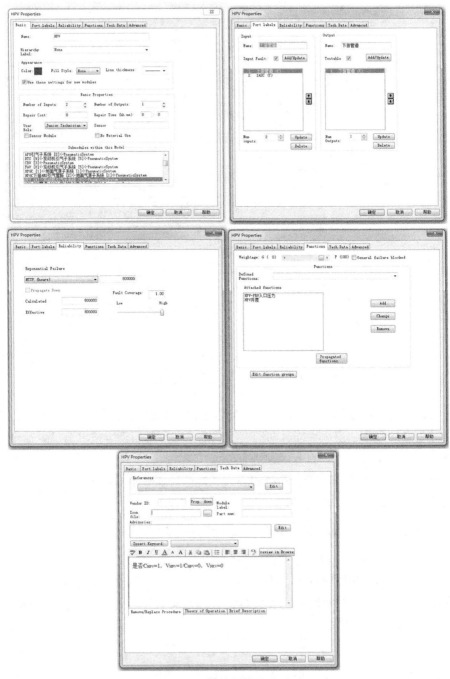

图 3.11   模块属性设置界面

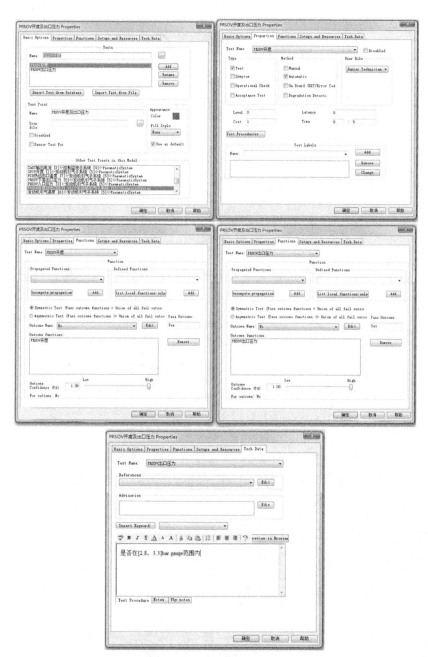

图 3.12　测点与测试属性设置界面

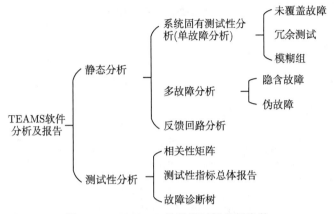

图 3.13　TEAMS 软件测试性分析参数

　　运用 TEAMS 软件对上述气源系统模型进行测试性分析，静态分析报告如图 3.14～图 3.16 所示。

Undetected Fault Report (static) for PneumaticSystem

2018-05-18 06:58:24Z

	NAME
1	HPV上游管道 [1]←发动机引气子系统 [5]

TEAMS®-Designer 12.1.4, Copyright (c) Qualtech Systems, Inc.

Redundant Test Report (static) for PneumaticSystem

2018-05-24 11:52:20Z

Set #1 [-]

List of tests in this set: [-]

	Test Name
1	FAV供电[3]:FAV供电
2	FAV阀门开度[8]:FAV阀门开度←发动机引气子系统 [5]

Minimum cost test in this set:
　FAV供电[3]:FAV供电

Set #2 [-]

List of tests in this set: [-]

	Test Name
1	旋钮到IASC导线电流[1]:APU引气旋钮到IASC导线电流←控制监视子系统 [4]
2	旋钮到IASC导线电流[1]:AUTO旋钮到IASC导线电流←控制监视子系统 [4]
3	旋钮到IASC导线电流[1]:CLS旋钮到IASC导线电流←控制监视子系统 [4]
4	旋钮到IASC导线电流[1]:OPEN旋钮到IASC导线电流←控制监视子系统 [4]
5	旋钮到IASC导线电流[1]:发动机引气到IASC导线电流←控制监视子系统 [4]

Minimum cost test in this set:
　旋钮到IASC导线电流[1]:APU引气旋钮到IASC导线电流←控制监视子系统 [4]

Set #3 [-]

List of tests in this set: [-]

	Test Name
1	PRSOV出口压力[4]:PRSOV出口压力←发动机引气子系统 [5]
2	PRSOV出口压力[4]:PRSOV开度←发动机引气子系统 [5]

Minimum cost test in this set:
　PRSOV出口压力[4]:PRSOV开度←发动机引气子系统 [5]

TEAMS®-Designer 12.1.4, Copyright (c) Qualtech Systems, Inc.

图 3.14　未覆盖故障分析报告

Ambiguity Group Report (static) for PneumaticSystem

2018-05-24 11:52:20Z

Group #1 [-]

List of modules in this group: [-]

	Module Name
1	PIPS [6]
2	IASC [2]←控制监视子系统 [4]
3	HPV [4]←发动机引气子系统 [5]
4	PRSOV [5]←发动机引气子系统 [5]
5	BTS [9]←发动机引气子系统 [5]

TEAMS®-Designer 12.1.4, Copyright (c) Qualtech Systems, Inc.

图 3.15 冗余测试分析报告

Feedback Loop Breaking Recommendation Report for PneumaticSystem

2018-05-24 11:52:20Z

Arc No	Type	Component Name
1	Module	◆ IASC [2]←控制监视子系统 [4] ◆ 控制监视子系统 [4]:O/P-4 (CBV)
2	Module	◆ PRSOV下游管道 [6]←发动机引气子系统 [5] ◆ PRSOV [5]←发动机引气子系统 [5]
3	Module	◆ PCE [7]←发动机引气子系统 [5] ◆ 发动机引气子系统 [5]:O/P-2 (PCE-PIPS)
4	Module	◆ FAV [8]←发动机引气子系统 [5] ◆ PCE [7]←发动机引气子系统 [5]
5	Module	◆ BTS [9]←发动机引气子系统 [5] ◆ 发动机引气子系统 [5]:O/P-1 (BTS-IASC)

TEAMS®-Designer 12.1.4, Copyright (c) Qualtech Systems, Inc.

图 3.16 模糊组分析报告

　　根据以上报告,对气源系统的多信号流模型进行了优化。由报告可知,HPV 上游管道发生故障时不可被检测到,因此在该模块后方添加测试 "高压级上游压力监测",相应的功能信号为 "高压级上游压力"。其次,有以下三组冗余测试:FAV 供电输出监测和 FAV 阀门开度检视;APU 引气旋钮到 IASC 导线电流测量、AUTO 旋钮到 IASC 导线电流测量、OPEN 旋钮到 IASC 导线电流测量、CLS 旋钮到 IASC 导线电流测量和左发动机引气按钮到 IASC 导线电流测量;PRSOV 开度检视和 PRSOV 出口压力监测。根据报告结果,保留每组测试中测试成本最低的测试:FAV 供电输出监测、APU 引气旋钮到 IASC 导线电流测量以及 PRSOV 开度检测,删除其他测试。另外,对于测试排故人员而言,APU 下游管路故障是 HPGC 故障的隐含故障,BTS 故障是 FAV 故障的隐含故障,需注意不要漏检;而多故障情况下的隐含故障出现概率较低,可以不予考虑。建议在图 3.17 中模块

6→5、模块 8→7、模块 9→BTS、模块 7→PCE 处设置反馈回路断点，从而避免因此产生模糊组；PIPS、IASC、HPV、PRSOV 和 BTS 为一组模糊组，当前测试无法进行进一步的隔离。系统设计人员也可根据以上报告，优化系统设计，从而提高系统测试性。

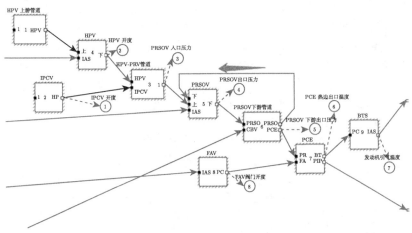

图 3.17　反馈回路断开建议图示 (见粗箭头指向处)

此外，TEAMS 还给出了测试性分析报告 (图 3.18) 和相关性矩阵以供参考。对

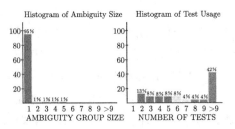

图 3.18　模型原始测试性分析报告

优化后的系统测试性模型重新进行测试性分析，并生成新的测试性报告 (图 3.19)，从两份报告的对比中可以看出该系统一些较为重要的测试性指标都得到了一定的优化 (表 3.3)。

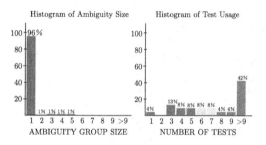

图 3.19　模型修改后测试性分析报告

表 3.3　模型修改前后测试性指标对比表

测试性指标	模型改进前	模型改进后
测试数量	23	18
故障检测率	94.52%	100%
故障隔离率	95.36%	95.62%
平均模糊组大小	1.12	1.11
隔离与修复费用	10.19	9.27
隔离与修复时间	0.13	0.12
平均检测费用	5.15	5.08

最后，表 3.4 给出了修改后系统模型的相关性矩阵，括号中的 G 指全局故障 (global failure)，F 指功能故障 (functional failure)。

表 3.4　气源系统相关性矩阵

部件	故障	t_1 CBV 开度	t_2 引气分配管路压力	t_3 FAV 供电	t_4 地面气源单向活门开度	t_5 地面气源引气出口压力	t_6 APULCV 开度	t_7 APUCKV 开度	t_8 APU 引气出口压力	t_9 APU 旋钮到 IASC 导线电流	t_{10} IASC 输出电流	t_{11} IPCV 开度	t_{12} HPV 开度	t_{13} PRSOV 入口压力	t_{14} PRSOV 开度	t_{15} PRSOV 下游出口压力	t_{16} PCE 热边出口温度	t_{17} 发动机引气温度	t_{18} HPV 上游管道出口压力
CBV (F)	f_1	1	0	0	0	0	0	0	0	0	0	0	0	0	0	0	0	0	0
PIPS (F)	f_2	0	1	0	0	0	0	0	0	0	0	0	0	0	0	0	0	0	0
PIPS (G)	f_3	1	1	1	0	1	0	0	1	0	1	0	0	1	1	1	1	1	0
HPGC (F)	f_4	0	0	0	1	0	0	0	1	0	0	0	0	0	0	0	0	0	0
AMS 引气管路 (F)	f_5	0	0	0	0	1	0	0	0	0	0	0	0	0	0	0	0	0	0
APULCV(F)	f_6	0	0	0	0	0	1	0	0	0	0	0	0	0	0	0	0	0	0
APUCKV(F)	f_7	0	0	0	0	0	0	1	0	0	0	0	0	0	0	0	0	0	0
APU 下游管路 (F)	f_8	0	0	0	0	0	0	0	1	0	0	0	0	0	0	0	0	0	0
控制面板 (F)	f_9	0	0	0	0	0	0	0	0	1	0	0	0	0	0	0	0	0	0
IASC (F)	f_{10}	0	0	0	0	0	0	0	0	0	1	0	0	0	0	0	0	0	0
IASC (G)	f_{11}	1	1	1	0	1	1	0	1	0	1	0	0	0	0	1	1	1	0
HPV 上游管道 (F)	f_{12}	0	0	0	0	0	0	0	0	0	0	0	1	0	0	0	0	0	1
IPCV (F)	f_{13}	0	0	0	0	0	0	0	0	0	0	1	0	0	0	0	0	0	0
HPV-PRV 管路 (F)	f_{14}	0	0	0	0	0	0	0	0	0	0	0	0	1	0	0	0	0	0
HPV (F)	f_{15}	0	0	1	0	0	0	0	0	0	0	0	1	0	0	0	0	0	0
HPV (G)	f_{16}	1	1	1	0	1	1	0	0	1	1	0	1	0	1	1	1	1	0
PRSOV (F)	f_{17}	0	0	0	0	0	0	0	0	0	0	0	0	1	1	1	1	1	0
PRSOV (G)	f_{18}	1	1	1	0	1	0	0	1	0	1	0	1	1	1	1	1	1	0
PRSOV 下游管道 (F)	f_{19}	0	0	0	0	0	0	0	0	0	0	0	0	0	0	1	0	0	0
PCE (F)	f_{20}	0	0	0	0	0	0	0	0	0	0	0	0	0	0	0	1	0	0
FAV (F)	f_{21}	0	0	1	0	0	0	0	0	0	0	0	0	0	0	0	0	1	0
BTS (F)	f_{22}	0	1	1	0	1	0	0	0	0	0	0	0	0	0	0	1	1	0
BTS (G)	f_{23}	1	1	1	0	1	0	0	1	0	1	0	0	1	1	1	1	1	0

3.2 基于相关性矩阵的飞机系统测试性分析

3.2.1 扩展 D 矩阵

故障-测试相关性矩阵是系统故障与测试间定性关系的一种矩阵表示,它能够将与系统诊断相关的知识 (测试性模型、故障字典、诊断树) 和算法紧密衔接,已被 eXpress、TEAMS 等测试性辅助分析工具使用 [207]。基于多信号流图模型的测试性分析方法以相关性矩阵为核心,配合多种诊断推理手段,可给出标准化的、高可信度的、可验证的测试性分析结果。

基于多信号流图模型的测试性分析内容如图 3.20 所示。

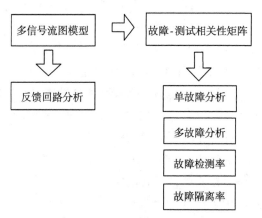

图 3.20 基于多信号流图模型的测试性分析内容

首先根据系统的结构与功能以及初选的测试方案构建系统的多信号流图模型,由多信号流图模型先进行反馈回路分析,若存在,消除系统内的反馈环;由多信号流图模型可得到故障-测试相关性矩阵,基于该矩阵还可进一步进行系统的单故障分析、多故障分析以及测试性参数分析。

文献 [12] 中明确了多信号流图模型得到故障-测试相关性矩阵 (简称 D 矩阵) 的方法。D 矩阵中,每个故障单元被分解为两个方面,分别是全局故障和功能故障,每个测试点可能安排了多个测试。功能故障体现为故障单元关联的信号超出了正常阈值,而没有阻断信号流在全局单元间的传播。在 D 矩阵中,如果有 L 个故障单元,其中 L_G 个存在全局故障,L_F 个存在功能故障,测试共有 n 个,那么 D 矩阵的行数为 $L_G + L_F$,列数为 n。相关性矩阵 $D = [d_{ij}]$ 中,d_{iGj} 代表测试 j 用于故障单元 c_i 的全局故障检测,若 j 能够检测出该故障,则 $d_{iGj} = 1$,否则 $d_{iGj} = 0$。d_{iFj} 代表测试 j 用于故障单元 c_i 的功能故障的检测,若 j 能够检测出该故障，则 $d_{iFj} = 1$，否则 $d_{iFj} = 0$。

$$d_{iGj} = 1,\text{从故障单元 } c_i \text{ 到测试 } t_j \text{ 存在路径}$$

$$d_{iFj} = 1, d_{iGj} = 1\text{且SC}(c_i) \cap \text{ST}(t_j) \neq \varnothing$$
(3.5)

从式 (3.5) 可得出结论，当一个单元发生全局故障时并不一定会发生功能故障；而发生全局故障时，所有功能故障测试肯定都不能通过，因此，全局故障是一种特殊的功能故障。

D 矩阵是测试性工作的基础和关键。但是传统 D 矩阵中每个模块只能定义一种功能故障，这对于复杂系统来说存在明显的缺陷。正如某型民机气源系统，单个组件包含与多重功能相对应的多个过程变量，每个变量都可能超过正常阈值而引起功能故障。为了实现更小粒度的故障隔离，需要分别对这些参数进行考虑，因此，必须在传统 D 矩阵的基础上进行扩展以满足复杂系统测试性分析的需要。

传统 D 矩阵中，每个组件只定义了一种功能故障，对应于矩阵中的一行。在故障隔离过程中，若某一测试测得该组件关联的某功能信号正常，则认为该组件包含的所有功能信号都正常，若这一测试不通过，则认为该组件包含的所有功能信号都失效。而对于复杂系统，实际情况往往是部分信号失效，部分信号正常。这样，传统 D 矩阵很容易造成错误的分析结论。为了更好地反映组件的故障属性，在定义组件的功能故障时，将组件包含的每个可能发生失效的功能信号都作为一种功能故障，对应矩阵中的一行，把这样的矩阵称为扩展 D 矩阵。扩展 D 矩阵更加真实地反映了系统的故障属性，克服了传统 D 矩阵中信号易混淆的缺点。

3.2.2　测试性分析的内容与算法

1. 单故障特性分析

单故障是指系统一个时刻最多发生一种故障的情况，绝大部分传统的测试性算法都以单故障假设为前提。单故障特性分析的目的是识别系统内存在的未检测故障、模糊组和冗余测试，是评估系统测试性好坏的一项主要内容。这三项指标都可通过故障-测试相关性矩阵计算得到，具体算法如下所述。

(1) 未检测故障：若相关性矩阵中存在全为 0 的行，那么该行所对应的故障为未检测故障。

(2) 模糊组：相关性矩阵中的各行，如果不同行的元素完全相同，则对应的故障是不可区分的，这些故障作为模糊组处理，且合并为一行。

(3) 冗余测试：比较相关性矩阵中各列，若有不同列元素完全相同，则对应的测试互为冗余。

2. 多故障特性分析

大部分情况下，传统的测试性算法都做了简化，即假设系统某一时刻最多有一个故障，但是，对于大型复杂系统，该假设就不一定成立，因为系统中有可能存在隐藏故障和掩盖故障，这时基于单故障前提的诊断可能产生错误的推理。多故障特性分析主要是识别系统多故障情况下可能存在的隐藏故障和掩盖故障现象。

(1) 隐藏故障：多故障的故障特征与多故障之内的某个单故障的故障特征相同，即某个故障的征兆隐藏了其他故障征兆。隐藏故障的存在使诊断易出现漏诊。

(2) 掩盖故障：多故障的故障特征与多故障之外的某个单故障的故障特征相同，即多个故障征兆的叠加与一个不相关单元的故障征兆相同。掩盖故障的存在使诊断易出现误诊。

隐藏故障与掩盖故障发生的实质是系统的多故障并发表现为单故障表现特征。多个单故障并发产生的多故障与掩盖故障产生的多故障之间存在区别，区别在于：前者表现为多个故障特征的混合，故障隔离树中并没有某个故障特征与之对应，必须先分离故障特征才可定位故障源；而后者的故障特征与故障隔离树中的某个单故障特征对应，常规的多故障诊断方法无法定位故障源[39]。因此，对于大型复杂系统中，隐藏故障与掩盖故障的分析具有很大必要性，这也实现了从单故障诊断向多故障诊断的转变。

隐藏故障和掩盖故障的发现可通过分析 D 矩阵行向量的组合来解决[208]。若存在 $F_i + F_j = F_k (k = i$ 或 $k = j)$，则存在隐藏故障；若存在 $F_i + F_j = F_k (i \neq j \neq k)$，则存在掩盖故障。为了减少计算复杂度，需要对原始的相关性矩阵进行简化处理，识别多故障的算法如下。

(1) 合并模糊组，去除冗余测试。

(2) 判别隐藏故障集。对每个故障 f_k，在简化的相关性矩阵中排除 f_k 行中 0 所在列为 1 的行，余下的行即为 f_k 的隐藏故障集。

(3) 判别掩盖故障集。设故障 f_k 的行中元素值为 1 的列分别为第 $l_1, l_2, \cdots, l_n$ 列，在简化后的 D 矩阵中对应列为 1 的故障集为 $\mathrm{FK}_j (j = l_1, l_2, \cdots, l_n)$，若 FK_j 中存在空集，则说明 f_k 不会被其他多故障所冒充，否则其对应冒充故障集为 $\mathrm{FM} = \left\{ f_i \mid \sum F_i = F_k, f_i \in \cup_{j=l_1}^{l_n} \mathrm{FK}_j, \mathrm{FK}_i \neq \varnothing \right\}$。

3. 反馈回路分析

当系统存在诊断信息在自身上的循环流通时，那么就认为系统在可诊断性上具有反馈回路。下面用一个存在反馈环的简单 UUT 说明，如图 3.21 所示。

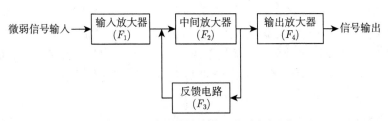

图 3.21　某简单被测单元的功能框图

在功能框图的基础上，标明功能信息流方向和各组成部件的相互连接关系，并加上初选测试点的位置和编号，得到相关性图示模型，如图 3.22 所示。

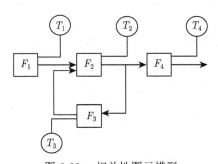

图 3.22　相关性图示模型

根据功能信息流方向，逐个分析各组成部件 F_i 的故障信息在测试 T_j 上的反

映，可得到故障-测试相关性矩阵为
$$
\begin{array}{c}
\\
F_1 \\
F_2 \\
F_3 \\
F_4
\end{array}
\begin{array}{cccc}
T_1 & T_2 & T_3 & T_4
\end{array}
\left[
\begin{array}{cccc}
1 & 1 & 1 & 1 \\
0 & 1 & 1 & 1 \\
0 & 1 & 1 & 1 \\
0 & 0 & 0 & 1
\end{array}
\right] = D_{4\times 4}，比较 D
$$

中各行，发现 F_2 和 F_3 两行相同，所以 F_2 和 F_3 是一个模糊组，比较 D 中各列，发现 T_2 和 T_3 两列相同，所以 T_2 是 T_3 互为冗余的测试。出现冗余测试点和模糊组的原因是该 UUT 的测试性框图中存在着多于一个输出的组成单元，和 (或) 存在着反馈回路。

在测试性分析中，反馈环内的任一故障单元都可被环上所有的测试点观察到，故一个反馈环就等价于一个模糊组，如果不打破反馈环，那么即使增加额外的测试也无法提高系统的测试性。反馈回路控制测试点的方法如下 [5]。

(1) 在反馈回路与可更换单元交叉的地方，为测试提供开环方法。例如，针对图 3.23 所示的反馈回路，打开该反馈环的方法如图 3.23 所示。

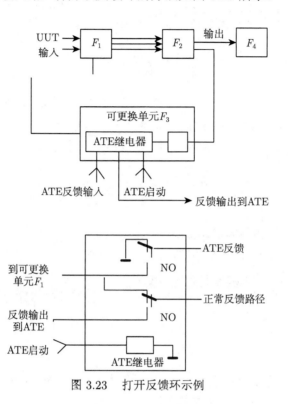

图 3.23　打开反馈环示例

(2) 在反馈通道上插入门电路中断反馈，由测试设备得来的信号控制这个门，如图 3.24 所示，图中，V_{CC} 为正极电源电压，指一个模拟电源。

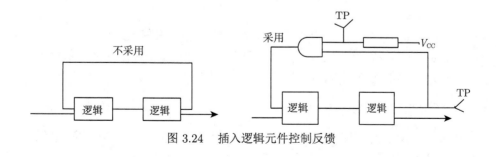

图 3.24　插入逻辑元件控制反馈

(3) 结构上断开环路，在正常工作时用跨接线短路断开回路的两头，测试时取下跨接线，一头接去测试器的信号，另一头接从测试器来的信号。

4. 测试性参数分析

故障检测率 (FDR) 定义为在规定的时间内，用规定的方法正确检测到的故障数与被测单元发生的故障总数之比，可表示为

$$\gamma_{FD} = \frac{N_D}{N_T} \times 100\% \tag{3.6}$$

其中，N_T 为故障总数，或是在工作时间 T 内实际发生的故障数；N_D 为被准确检测到的故障数。一般式 (3.6) 用于验证和外场数据统计。

若系统或设备的故障率 λ 为常数，式 (3.6) 可改写为

$$\gamma_{FD} = \frac{\lambda_D}{\lambda} \times 100\% = \frac{\sum \lambda_{Di}}{\sum \lambda_i} \times 100\% \tag{3.7}$$

其中，λ_D 为被检测出故障的总故障率；λ 为所有故障的总故障率；λ_i 为第 i 个故障的故障率，λ_{Di} 为第 i 个被检测出的故障的故障率。故本书使用式 (3.7)。

故障隔离率 (FIR) 定义为在规定的时间内，在使用规定方法的前提下，将故障正确隔离到不大于规定的可更换单元数的故障数与同一时间内检测到的故障数之比，可表示为

$$\gamma_{FI} = \frac{N_L}{N_D} \times 100\% \tag{3.8}$$

其中，N_L 为在规定条件下用规定方法正确隔离到小于等于 L 个可更换单元的故障数；N_D 为在规定条件下被正确检测到的故障数。

一般，用于分析及预计的数学模型为

$$\gamma_{FI} = \frac{\lambda_L}{\lambda_D} \times 100\% = \frac{\sum \lambda_{Li}}{\lambda_D} \times 100\% \tag{3.9}$$

其中，λ_D 为被检测出的所有故障的故障率之和；λ_L 为被隔离到小于等于 L 个可更换单元的故障的故障率之和；λ_{Li} 为可更换单元中第 i 个故障模式的故障率；L 为隔离组内的可更换单元数，也称故障隔离的模糊度。

3.2.3　实例

如表 3.1 所示的扩展 D 矩阵包含了单元的多个故障模式与测试之间的相关性关系。基于该矩阵对某型飞机气源系统进行测试性分析工作。

1) 单故障特性分析

未检测故障：矩阵中不存在全为 0 的行，故系统中不存在未检测故障。

模糊组：矩阵中完全相同的行对应故障模式为 $\{C_4(G)、C_4(P_{PRV-IN})\}$，$\{C_6(T_{PCE})$ 和 $C_6(P_{PIPS})\}$，$\{C_6(V_{FAV})、C_8(G)、C_8(I_{FAV})\}$，$\{C_{11}(G)$ 和 $C_{11}(P_{APUOUT})\}$，因此以上四组故障模式在现有测试情况下不可区分，构成模糊组。

冗余测试：矩阵中不存在完全相同的列，因此系统不存在冗余测试。

2) 多故障特性分析

按照第 3 小节中的多故障识别方法，简化后的气源系统相关性矩阵如表 3.5 所示。

表 3.5 气源系统简化 D 矩阵

状态		测试																
$C_1(G)$	s_1	1	1	0	1	1	1	1	1	0	0	0	0	0	0	0	0	0
$C_2(G)$	s_2	0	1	1	1	1	1	1	1	0	0	0	0	0	0	0	0	0
$C_3(P_{HPVOUT})$	s_3	0	1	0	1	1	1	1	1	0	0	0	0	0	0	0	0	0
$C_4(G)$、$C_4(P_{PRV-IN})$	s_4	0	0	0	1	1	1	1	1	0	0	0	0	0	0	0	0	0
$C_5(G)$	s_5	0	0	0	0	1	1	1	1	0	0	0	0	0	0	0	0	0
$C_5(P_{PRVOUT})$	s_6	0	0	0	0	1	1	1	1	0	0	0	0	0	0	0	0	0
$C_6(T_{PCE})$、$C_6(P_{PIPS})$	s_7	0	0	0	0	0	0	1	1	0	0	0	0	0	0	0	0	0
$C_7(G)$	s_8	0	0	0	0	0	0	0	1	0	0	0	0	0	0	0	0	0
$C_6(V_{FAV})$、$C_8(G)$、$C_8(I_{FAV})$	s_9	0	0	0	0	0	0	1	1	1	0	0	0	0	0	0	0	0
$C_8(W_{FAV})$	s_{10}	0	0	0	0	0	1	1	1	1	0	0	0	0	0	0	0	0
$C_9(G)$	s_{11}	0	0	0	0	0	0	0	0	0	1	1	1	1	0	0	0	0
$C_{10}(G)$	s_{12}	0	0	0	0	0	0	0	0	0	0	1	1	1	0	0	0	0
$C_{11}(G)$、$C_{11}(P_{APUOUT})$	s_{13}	0	0	0	0	0	0	0	0	0	0	0	1	1	0	0	0	0
$C_{11}(P_{PIPS})$	s_{14}	0	0	0	0	0	0	0	0	0	0	0	0	1	0	0	0	0
$C_{12}(G)$	s_{15}	0	0	0	0	0	0	0	0	0	0	0	0	0	0	1	1	0
$C_{12}(P_{PIPS})$	s_{16}	0	0	0	0	0	0	0	0	0	0	0	0	0	0	0	1	0
$C_{13}(V_{CBV})$	s_{17}	0	0	0	0	0	1	1	1	0	0	0	0	0	1	0	1	1

其中角标 (如：HPVOUT、PRV-IN、PCE、PIPS、FAV、CBV) 释义见附录，括号中的 G 指全局故障，P 指压力监测，V 指开度检视，T 指温度监测，W 指供电输出监测。

(1) 识别隐藏故障集：根据计算得到气源系统内各个故障对应的隐藏集为 $C_1(G)$ 的隐藏故障集为 $\{C_3(P_{HPVOUT})、C_4(G)、C_4(P_{PRV-IN})、C_5(G)、C_5(P_{PRVOUT})、C_6(T_{PCE})、C_6(P_{PIPS})、C_7(G)\}$；$C_2(G)$ 的隐藏故障集为 $\{C_3(P_{HPVOUT})、C_4(G)、C_4(P_{PRV-IN})、C_5(G)、C_5(P_{PRVOUT})、C_6(T_{PCE})、C_6(P_{PIPS})、C_7(G)\}$；$C_5(G)$ 的隐藏故障集为 $\{C_6(T_{PCE})、C_6(P_{PIPS})、C_7(G)\}$；$C_5(P_{PRVOUT})$ 的隐藏故障集为 $\{C_6(T_{PCE})、C_6(P_{PIPS})、C_7(G)\}$；模糊组 $\{C_4(G)、C_4(P_{PRV-IN})\}$ 的隐藏故障集为 $\{C_4(G)、C_4(P_{PRV-IN})、C_5(G)、C_5(P_{PRVOUT})、C_6(T_{PCE})、C_6(P_{PIPS})、C_7(G)\}$；

模糊组 $\{C_6(V_{\mathrm{FAV}})$、$C_8(G)$、$C_8(I_{\mathrm{FAV}})\}$ 的隐藏故障集为 $\{C_6(T_{\mathrm{PCE}})$、$C_6(P_{\mathrm{PIPS}})$、$C_7(G)\}$；模糊组 $\{C_{11}(G)$、$C_{11}(P_{\mathrm{APUOUT}})\}$ 的隐藏故障集为 $\{C_{11}(P_{\mathrm{PIPS}})\}$。当隐藏故障集内的任意故障和对应的被隐藏的故障并发时，故障隐藏就会发生。

(2) 识别掩盖故障集：通过对 D 矩阵的计算并未发现掩盖故障现象。

(3) 反馈回路分析：图 3.6 所示的测试性模型有向图中存在着反馈回路 "控制监视子系统 →IPCV→BTS→ 控制监视子系统"，可在 BTS 和控制监视子系统之间打开反馈环。

(4) 测试性参数分析：查找相关设计手册，可得到该民机气源系统各个故障模式的故障概率数据，如表 3.6 所示。

表 3.6　气源系统的故障模式故障率

故障模式	故障率/$(10^{-5}/\mathrm{h})$	故障模式	故障率/$(10^{-5}/\mathrm{h})$
IPCV 开/关位失效	3.0	APUCKV 卡在开/关位	0.240
HPV 开/关位失效	15.270	HPGC 活门在关位失效	3.0
导管焊缝破裂	80.465	HPGC 开位失效	3.0
PRSOV 开/关位失效	7.310	HPGC 接头破损	0.10
PRSOV 内部泄漏	5.010	HPGC 内部引气泄漏	2.510
PRV 下游引气压力偏高	12.010	PRV 下游引气压力偏低	13.520
PCE 效率降低	1.0	CBV 开/关位失效	1.0
PCE 内部泄漏	4.190	BTS 一个通道失去信息	0.60
FAV 继电器不能吸收/释放	9.76	BTS 两个通道失去信息	1.389
APULCV 关位失效	0.285	FAV 开/关位失效	2.0

根据式 (3.6) 以及式 (3.8) 计算得：FDR=100%，FIR=53.2%。

3.3　基于 DPSO-AO* 算法的飞机系统测试策略优化设计

飞机系统零部件众多，故障模式也相应地在数量和种类上呈现出多样性，因此需要安排多个测试点及测试，如果不对其进行统筹规划，那么将会耗费大量的时间和资金代价。在固定的故障检测率和隔离率下，有可能只需测试集中的一部分测试就能达到隔离和检测所有故障的目的，因此需要对测试点进行选择；而对于固定的一组测试，系统在一步步执行的过程中，如果现有的测试结果已经能隔离所有故障，那么就不必执行余下的测试，相反，如果能隔离当前故障的测试被安排到最后执行，则必须执行完所有测试，才能隔离当前故障，与前者相比这就降低了整体故障隔离的效率且增加了耗费。因此，为了达到测试时间最短、测试费用最低的目标，在测试执行前，必须明确至少要执行哪些测试以及每个测试被执行的先后顺序，这就是最优测试序列问题。接下来介绍了用于测试序列优化的 AO* 算法与 DPSO 算法。为了弥补 AO* 算法的缺陷，将两种算法相结合，即 DPSO-AO* 算法，并将此算法应用于气源系统，得到最优测试序列。

3.3.1 测试策略优化问题的数学描述

(1) 将测试序列优化问题形式化为一个四元组 (S, p, T, c)，其中，$S = \{s_0, s_1, s_2, \cdots, s_m\}$ 是表征系统状态的有限集，s_0 表示无故障状态，$s_i (1 \leqslant i \leqslant m)$ 表示系统不同的故障状态。

(2) $p = [p(s_0), p(s_1), \cdots, p(s_m)]^{\mathrm{T}}$ 是系统处于各状态的先验概率向量，$p(s_0)$ 表示系统无故障的概率，假设最多同时存在一种故障 (单故障模式)，并且 $\sum_{i=0}^{m} p(s_i) = 1$。

(3) $T = \{t_1, t_2, \cdots, t_n\}$ 是 n 个可用测试组成的集合，$c = [c_1, c_2, \cdots, c_n]^{\mathrm{T}}$ 是表示测试费用的向量 (综合了时间、人力、硬件或其他经济因素)，每个测试 $t_j (1 \leqslant j \leqslant n)$ 由一个二元列向量 d_j 表示，如果该向量第 i 个对应的向量元素 $d_{ij} = 1$，那么 t_j 就可检测故障状态 s_i，显然，$d_{0j} = 0, 1 \leqslant j \leqslant n$。故障-测试相关性矩阵 $D_{(m+1) \times n} = [d_{ij}]$ 经过多信号流图建模过程得到。

(4) 测试序列优化问题就是要用测试集 T 中的一组测试，按照一定的测试顺序，在故障发生时，将故障状态模糊组隔离到系统状态集 S 中确定的故障状态，并且将预期的测试成本最小化。成本函数表示为

$$J = p^{\mathrm{T}} A c = \sum_{i=0}^{m} \left\{ \sum_{j=0}^{|p_i|} C_{P_{i[j]}} \right\} P(S_i) \tag{3.10}$$

其中，$A = (a_{ij})$ 为一个 $(m+1)$ 行 n 列的二值矩阵；$P_{i[j]}$ 为序列 P_i 的第 j 个元素；$|P_i|$ 为序列 P_i 的数目。

上述问题是一个马尔可夫决策过程 (Markov decision process, MDP)，其中马尔可夫状态集 x 是系统中各状态集合 (即模糊组)，决策对应于运用于 x 的测试。最终，这个 MDP 问题的最终解就是一个确定的与或树，或节点表示模糊集 x，与节点表示对或节点进行的测试，最终决策树的加权平均长度就是期望测试成本 J。然而，最优决策树的构造是一个 NP-完全问题，即该问题不可能被多项式复杂度的算法解决。目前现有的一类方法是动态规划 (DP)，虽然这是一种精确算法，但是其计算复杂度随着测试数目或故障单元数目的增加呈指数增长，当测试数目大于 12 时，其计算要求使其不适合使用。正因为 DP 算法存在这样的缺陷，构造近似最优决策树的近似算法成为该领域的研究热点。

3.3.2　AO* 算法与测试序列优化问题的结合

AO* 算法是由康涅狄格州大学的 Pattipati 教授以及其团队提出的一种基于信息熵和霍夫曼编码理论生成启发式评价函数的测试序列优化算法，它是应用于与或图的一种正向的、回溯、树式的启发式搜索算法，也是较复杂系统寻求最优序列的有效方法之一。启发函数引导图的搜索避免了枚举所有潜在的路径。与或图算法的思想是将求解问题分解为互相独立的若干小问题，当系统规模不大时通过节点的扩展和回溯可快速高效地找到最优路径，但是当系统规模较大时，由于节点较多，很容易发生 "计算爆炸"，因此该算法在一定的条件下具有很大局限性，文献 [209-211] 将 AO* 算法移植到了测试序列优化问题中，并结合其他算法对 AO* 算法的缺陷进行了改进。

与或树是表现搜索过程的一种形式，它实际上是一种特殊化的与或图。与或图是问题求解的一种抽象表示，它的思想是把原问题不断分解为子问题，直到分解为一系列直接可解的子问题或不能再分解的子问题为止。和与或图一样，与或树中有两种代表性的节点，即与节点和或节点，与或树与一般与或图的区别在于与或树中每个节点只有一个父节点，并且除了根节点之外，每个或节点的父节点都是与节点，每个与节点的父节点都是或节点。或节点是指各个后续节点均完全独立，只要其子节点中任何一个有解，它就是可解的；对于与节点，只有当所有后续节点都有解时它才可解。测试序列优化问题可以转化为对一个有序的、最佳优先搜索的与或树的搜索。设 $c(x_i, x_j)$ 表述节点 x_i 到节点 x_j 的代价，$h(x)$ 为子节点 x 的代价值，那么计算节点 x_i 的公式如下 [20]。

(1) 若 x_i 是或节点，它的子节点有 $x_{j1}, x_{j2}, \cdots, x_{jx}$，则 x_i 的代价为

$$h(x_i) = \min\{c(x_i, x_j) + h(x_{jx})\} \tag{3.11}$$

(2) 如果 x_i 是与节点，则 x_i 的代价有以下两种计算方法。

和代价法：

$$h(x_i) = \sum_{k=1}^{m}\{c(x_i, x_{jx}) + h(x_{jx})\} \tag{3.12}$$

最大代价法：

$$h(x_i) = \max\{c(x_i, x_{jx}) + h(x_{jx})\} \tag{3.13}$$

(3) 若 x_i 是终端节点，则 $h(x_i) = 0$。

(4) 若 x_i 不可扩展，且不是终端节点，则 $h(x_i) = \infty$。

与或树应用到测试序列问题中的相互对应关系如下：与或树的根节点 (初始节点) 对应待检测的系统；一组非空的叶子节点对应系统待隔离出的各种故

障状态；或节点对应故障隔离过程中的模糊组 S，与节点对应测试 t_j，测试代价为 c_j；与节点的子节点代表 t_j 应用于节点 S 后根据测试结果和相关性矩阵所得的通过故障子集 S_{jp} 和未通过故障子集 S_{jf}。

以气源系统为例，其简化后的扩展 D 矩阵如表 3.5 所示，它包括 17 个故障状态和 17 个测试，在初始故障模糊集 $S = (s_1, s_2, \cdots, s_{17})$ 上应用测试 t_j 后，故障集被分为两部分，缩减的故障集 S_{jp} 由不能被 t_j 检测到的故障源组成，即 $S_{jp} = \{S_i | d_{ij} = 0, S_i \in S\}$；$S_{jf}$ 由能被 t_j 检测到的故障源组成，即 $S_{jf} = \{S_i | d_{ij} = 1, S_i \in S\}$，显然，$d_{0j} = 0 (j = 1, 2, \cdots, 17)$。利用相关性矩阵提供的信息，使模糊集不断得到了缩减。图 3.25 表示了搜索过程中与或树的一部分。

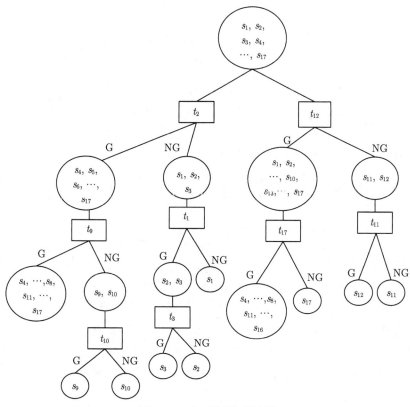

图 3.25　与或树搜索过程

当计算任一节点 x 的代价 $h(x)$ 时，都需要知道子节点 x_i 的代价 $h(x_i)$，然而，搜索自上而下进行，一般情况下，子节点的代价是未知的，所以需要根据问题本身提供的启发性信息定义一个启发函数去解决。AO* 算法是一种启发式搜索算法，该算法与测试策略优化问题的结合点在于利用有关的特征信息，也就是每个测试重要性的评估，用以作为故障隔离过程中测试顺序选择的依据。

对于任意或节点的模糊集 x，以 x 为根节点的解树代价的估计值为

$$h^*(x) = \min \left[c_j + h^*(x, t_j) \right] \tag{3.14}$$

其中，c_j 为可用测试 t_j 的代价；$h^*(x, t_j)$ 为应用子节点 t_j 对 x 进行隔离的代价。由于 t_j 是 x 的子节点，所以 $h^*(x, t_j)$ 是与节点 (x, t_j) 的代价值，计算方法为

$$h^*(x, t_j) = p(x_{jp}) \cdot h^*(x_{jp}) + p(x_{jf}) \cdot h^*(x_{jf}) \tag{3.15}$$

其中，x_{jp} 和 x_{jf} 分别为 t_j 的通过故障子集和未通过故障子集，且有 $x_{jp} \cup x_{jf} = x$，$j = 1, 2, \cdots, n$。合并式 (3.14) 与式 (3.15)，可得任意模糊集 x 节点的估价值为

$$h^*(x) = \min_{t_j} \left\{ c_j + p(x_{jp}) \cdot h^*(x_{jp}) + p(x_{jf}) \cdot h^*(x_{jf}) \right\} \tag{3.16}$$

其中，$p(x_{jp})$ 和 $p(x_{jf})$ 分别由式 (3.17) 和式 (3.18) 给出：

$$p(x_{jp}) = \left[\sum_{s_i \in x} (1 - d_{ij}) \cdot p(s_i) \right] \cdot \left[\hat{p}(x) \right]^{-1} \tag{3.17}$$

$$p(x_{jf}) = 1 - p(x_{jp}), \quad \hat{p}(x) = \sum_{s_i \in x} p(s_i) \tag{3.18}$$

其中，$h^*(x_{jp})$ 和 $h^*(x_{jf})$ 分别为节点 x_{jp} 和 x_{jf} 估价值的启发函数。文献 [20] 的研究指出测试排序问题与霍夫曼编码理论十分相似：系统状态对应于一组二元信息，测试的序列对应于码字，测试的平均数量对应于码字的平均长度，测试序列方法对应于编码方案。而在编码理论中，霍夫曼树 (最优二叉树) 具有带权路径长度最小 (即代价最小) 的特点。文献 [20] 比较了多个启发函数用于与或图的搜索效率，得出基于霍夫曼编码理论的启发函数取得了良好的效果的结论，该启发函数为

$$h(x) = \sum_{j=1}^{w'(x)} c_j + \left[w^*(x) - w'(x) \right] \cdot c_{w'(x)+1} \tag{3.19}$$

$$w^*(x) = \left[\hat{p}(x) \right]^{-1} \sum_{s_i \in x} w_i^* p(s_i) \tag{3.20}$$

其中，w_i^* 为故障状态 s_i 的霍夫曼编码长度；$w'(x)$ 为 $w^*(x)$ 的整数部分。

AO* 算法的过程是两个运算阶段的反复。

(1) 自上而下的节点扩展阶段。对于每个已经扩展了的节点，AO* 算法的指针将指向后继节点中代价值小的连接符。解图生成过程就是从初始状态节点出发，按照该指针向下搜索，直到找到一个未扩展的节点为止，然后扩展该节点[210]。

(2) 自下而上地计算代价值的过程。设 x 为最新被扩展的节点，该节点有 m 个外向连接符连接 x 的所有后继节点。根据代价值的计算公式计算出节点 x 相对于每一个外向连接符的代价值，并从中选择一个最小值作为 x 的代价值，标记指针指向产生最小代价值的外相连接符。对于 x 的父节点，进行同样的计算。重复这一过程，直到初始状态节点 S_0 为止。这时，从 S_0 出发，选择指针所指向的边及其有关顶点，得到一个局部图解，即为当前代价值最小的局部解图[210]。

AO* 算法是解决近似决策树的一种较为准确的方法，但是该算法需要经过很多次的回溯才能得到最优测试序列，当系统规模很大时，很容易出现计算爆炸问题，因此需要寻找一种方法弥补 AO* 算法的不足。文献 [39] 研究了系统测试点选取和测试序列问题，在标准粒子群优化算法的基础上提出了多维粒子群优化算法的模拟电路测试点选取，并将离散粒子群算法 (DPSO) 与 AO* 算法结合，应用于最优测试策略优化问题，取得了较好的效果；文献 [210] 在前人的基础上，对 DPSO 算法与 AO* 算法的结合进行了进一步的研究，为了改进粒子的多样性，在速度更新公式中添加随机因子，提出了随机 DPSO-AO* 算法。这些研究结果都表明了 DPSO 算法与 AO* 算法的结合将有效减少 AO* 算法中需要扩展的节点个数，大大减少了计算时间。因此，本书将应用 DPSO-AO* 算法来解决气源系统的测试策略优化问题。

3.3.3 离散粒子群优化算法

在粒子群优化 (PSO) 算法中，优化问题的解被抽象为搜索空间中的"粒子"，所有的粒子都有一个适应值，这个适应值由被优化的函数决定，每个粒子还有一个速度调节它们的方向和距离。初始时刻，粒子位置和速度都是随机值，之后通过迭代找到最优解。每次迭代中，粒子通过追踪两个"极值"来更新自己，第一个是粒子本身找到的最优解，称为个体极值，另一个是整个种群中的最优解，称为全局极值，直到找到最优解为止[212]。

设搜索空间维数为 D，群落中的粒子数为 N，第 i 个粒子的位置和速度表示为：$x_i = (x_{i1}, x_{i2}, \cdots, x_{iD})$ 和 $v_i = (v_{i1}, v_{i2}, \cdots, v_{iD}), i = 1, 2, \cdots, N$。第 i 个粒子目前搜索到的最优解，即个体最优解为 $P_{\mathrm{best}_i} = (x_{i1\mathrm{best}}, x_{i2\mathrm{best}}, \cdots, x_{iD\mathrm{best}})$，整个粒子群搜索到的最优解为 $G_{\mathrm{best}_i} = (x_{1\mathrm{best}}, x_{2\mathrm{best}}, \cdots, x_{D\mathrm{best}})$。速度和位置更新公式分别为

$$v_{id}^{k+1} = \omega v_{id}^k + c_1 \xi \left(p_{\mathrm{best}_{id}}^{\,k} - x_{id}^k \right) + c_2 \eta \left(g_{\mathrm{best}_{id}}^{\,k} - x_{id}^k \right) \tag{3.21}$$

$$x_{id}^{k+1} = x_{id}^k + r v_{id}^{k+1} \tag{3.22}$$

其中，ω 为保持原来速度的系数，称为惯性权重；c_1 为粒子跟踪自身历史最优值的权重系数，表示粒子自身的认知，通常置为 2；c_2 为粒子跟踪群体最优值的权重系数，表示粒子对整个群体知识的认知，通常置为 2；ξ 和 η 为 [0,1] 区间内均匀分布的随机数；r 为速度的约束因子，通常置为 1。

为了解决现实生活中离散空间内的优化问题，Eberhart 博士和 Kennedy 博士于 1997 年提出了离散二进制的 PSO(discrete binary particle swarm optimization)，即 DPSO 算法，该算法的提出使得粒子群优化算法更广泛地应用于离散空间优化问题。在 DPSO 算法模型中，位置的每一维限制为 1 和 0 两种状态。速度表示位置状态改变的概率，位置更新时，这个概率值如果大一些，粒子位置更有可能为 1，小一些，则位置更可能为 0。由于速度是个概率值，必须介于 [0,1]，而 Sigmoid 函数 (3.23) 具备值域为 [0,1] 的特点：

$$s(v) = \frac{1}{1 + \mathrm{e}^v} \tag{3.23}$$

DPSO 的粒子速度和位置更新公式为

$$\begin{cases} x_{id}^{k+1} = \begin{cases} 1, \mathrm{rand} < \mathrm{sig}(v_{id}^k) \\ 0, \text{其他} \end{cases} \\ \mathrm{sig}(v_{id}^k) = 1/\left(1 + \exp(-v_{id}^k)\right) \end{cases} \tag{3.24}$$

其中，rand 为 0~1 的随机数。

3.3.4 基于 DPSO-AO* 算法的测试策略优化步骤

AO* 算法是一种局部的逐步优化的贪婪算法，因此可能陷入局部最优，并且在测试数量较多时，不但需要扩展的节点数量很大，并且扩展过程中需要不

断回溯来修正根节点的测试代价。鉴于 AO* 算法的缺点以及 DPSO 的快速收敛性和全局最优性，将 DPSO 算法与 AO* 算法结合，用 DPSO 对每个要扩展节点的测试进行选取，减少了扩展节点的数量。

DPSO-AO* 算法最优测试策略[213,214] 的基本思想是：利用 DPSO 选取 AO* 算法每个要扩展节点的测试集，从而减少测试数目；通过 AO* 算法规定扩展节点估价值的范围，减少其回溯次数。考虑到 DPSO 算法减少扩展节点的原则是使用最少的测试代价优先隔离发生概率较大的故障，因此使用文献 [39] 提出的适应度函数，即

$$h\left(t_i\right) = a\frac{P\left(t_i\right)N\left(t_i\right)}{S\left(t_i\right)} \tag{3.25}$$

其中，$P\left(t_i\right)$ 为测试 t_i 能检测的故障可能发生的平均概率，$P\left(t_i\right)$ 越大，选择 t_i 的可能性越大；N_i 为 t_i 能检测到的故障数；$S\left(t_i\right)$ 为 t_i 检测的故障集中所有故障的最小可测度。故障的可测度是指该故障能被集中测试检测到的个数；a 为一个调节值，本书中取为 1.2。

通过上述单个测试的适应度可以进一步衡量由单个测试组合得到的测试集的优劣程度，测试集的适应度函数定义为

$$F(T_s) = \eta_{\mathrm{FD}}\eta_{\mathrm{FI}}\frac{\sum_{t_i \in T_s} h\left(t_i\right) \div \sum_{t_i \in T_s} c_i}{N\left(\sum_{t_j \in T} h\left(t_j\right) \div \sum_{t_j \in T} c_j\right)} \tag{3.26}$$

其中，T_s 为选择的最优测试集；T 为备选测试集；N 为 T_s 的数目，η_{FD} 和 η_{FI} 分别为 T_s 的故障检测率和故障隔离率；c_i 为测试 t_i 的费用；$h\left(t_i\right)$ 为测试 t_i 的启发函数值。某个测试集适应度函数越大，选择这个测试集的可能性越大。

DPSO 的粒子重新定义为一个二进制向量 $x_i = (x_{i1}, x_{i2}, \cdots, x_{iN})$，$x_i$ 表示第 i 个粒子的位置，$x_{ij}(i = 1, 2, \cdots, M; j = 1, 2, \cdots, N)$ 表示第 i 个粒子的第 j 个测试是否被选中，是则为 1，否则为 0。M 表示粒子群中粒子的数目，N 表示测试的数目。

DPSO 的速度决定粒子下一次迭代的位置，将其定义为一个规模与粒子一致的矩阵，值域为 [0,1]，按照式 (3.24) 更新。基于 DPSO-AO* 的测试策略优化步骤如图 3.26 所示。

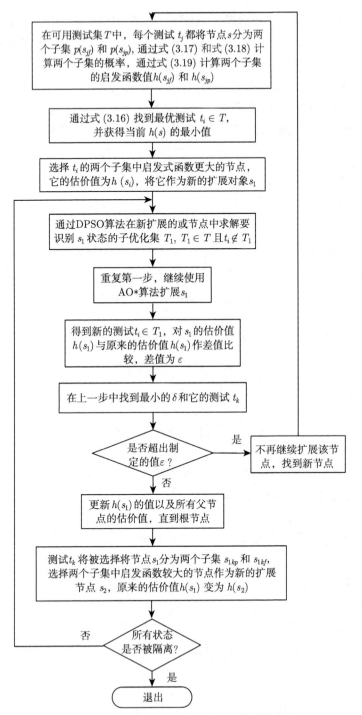

图 3.26　DPSO-AO* 算法测试序列优化步骤

3.3.5 实例

对应表 3.5 中经过简化的相关性矩阵，故障状态共有 17 个，考虑无故障状态 s_0，因此系统状态有限集为 $S = \{s_0, s_1, s_2, \cdots, s_{17}\}$；各状态的先验概率向量 $p = [p(s_0), p(s_1), \cdots, p(s_m)]^{\mathrm{T}} = [99560, 3.0, 15.27, 80.465, 12.32, 80.465, 28.56, 7.19, 27.62, 13.209, 9.76, 0.285, 0.24, 105.995, 23.32, 6, 25.53, 1]^{\mathrm{T}} \times 10^{-5}$，假设 17 个测试的代价值相等，即 $c_j = 1(j = 1, 2, \cdots, 17)$。初始状态的霍夫曼树如图 3.27 所示，霍夫曼编码长度为 $w^* = [1, 9, 6, 3, 7, 4, 5, 7, 5, 6, 7, 11, 11, 3, 5, 8, 5, 10]$，根据式 (3.20)，平均码长 $w^*(s) = w^* p = 1.0143$。

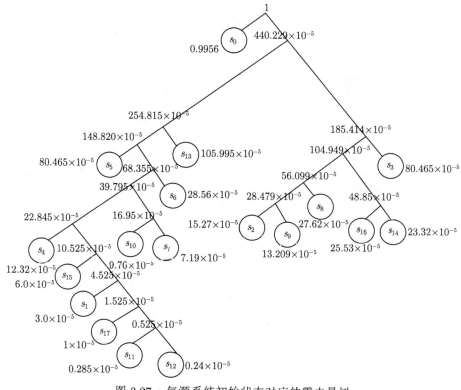

图 3.27 气源系统初始状态对应的霍夫曼树

扩展初始节点 $S = \{s_0, s_1, \cdots, s_{17}\}$，根据表 3.5 中的 D 矩阵，对系统初始状态进行扩展，由 17 个测试可以得到 17 个解树，扩展图如图 3.28 所示。图中，每个测试下方，G 分支表示测试通过的状态集，NG 分支表示测试未通过的状态集。每个子状态集下方第一行数字为该状态集对应的概率，第二行数字代表根据式 (3.19) 和式 (3.20) 计算得到的该状态集对应的启发函数值。

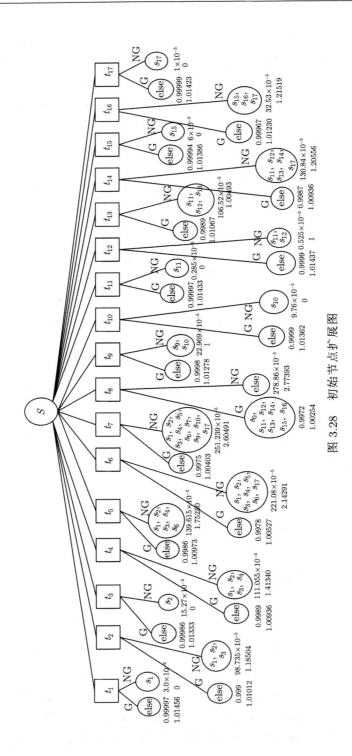

图 3.28   初始节点扩展图

根据各个子集的发生概率和启发函数值以及式 (3.16)，计算每个测试的估价函数值，例如，t_1 的 $h(s)$ 为

$$h(s) = c_1 + h(x_{1p}) \cdot p(x_{1p}) + h(x_{1f}) \cdot p(x_{1f})$$

$$= 1 + 0.99997 \times 1.01456 + 3.0 \times 10^{-5} \times 0 = 2.01453$$

经过计算，t_8 具有最小的估价函数值，为 2.00747，因此此时根节点 $h(s) = 2.00747$。t_8 的两个子集中启发函数较大的节点为子集 $s_{8f} = \{s_1, s_2, s_3, s_4, s_5, s_6, s_7, s_8, s_9, s_{10}, s_{17}\}$，此时对 s_{8f} 的估价值为 $h(s_{8f}) = 2.77393$，将 S_{8f} 作为将要扩展的节点。

利用 DPSO 算法选择要识别状态集 s_{8f} 的测试集。应用 MATLAB 运行 DPSO 算法对备选测试集进行优选，运行结果的界面如图 3.29 所示。

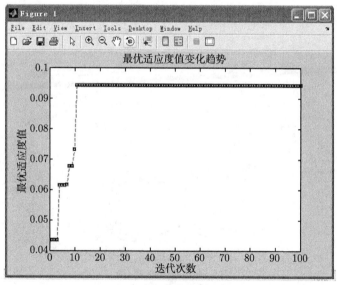

图 3.29　DPSO 算法求解最优测试集运行结果

最佳测试集为 $t_3, t_5, t_6, t_7, t_{13}, t_{14}$(备选测试集不包含 t_8)，只需对这六个测试节点进行扩展，结果如表 3.7 所示。其中，$h(s_1, t_j)$ 表示测试 t_j 对 s_1 的估价值；δ 表示新的估价值与原有估价值 $h(s_1) = 2.77393$ 的差值。

表 3.7　节点 s_1 扩展后的数据表

参数	t_3	t_5	t_6	t_7	t_{13}	t_{14}
$h(s_1, t_j)$	3.3346	2.7919	3.0727	3.3469	—	3.7380
δ	0.55607	0.01799	0.29877	0.57295	—	0.96407

　　根据结果, t_5 具有最小的 δ, 因此认为通过 t_5 隔离出来的那部分树是最好的, 将 $h(S_{8f})$ 更新为 2.791。同理, 对另外一个子集 $S_{8p} = \{s_0, s_{11}, s_{12}, s_{13}, s_{14}, s_{15}, s_{16}\}$ 进行扩展, 利用 DPSO 算法优选出最佳测试集为 $t_3, t_6, t_7, t_{13}, t_{14}, t_{16}$, 其中, t_{13} 产生的最优测试代价值为 2.0008, 将 $h(S_{8p})$ 更新为 2.0008, 初始节点的估价值随着子节点估价值的改变而改变, 更新后的 $h(S) = 2.00303$。将 t_5 的两个子集中启发函数较大的子集 $S_{5p} = \{s_5, s_7, s_8, s_9, s_{10}, s_{17}\}$ 进行扩展, 同样应用 DPSO 算法选择 S_{5p} 的最优测试集。按照图 3.27 所示的步骤继续下去, 直至所有故障状态均被隔离为止。最终的最优测试策略优化结果如图 3.30 所示。经过自底向上的计算, 根节点总的测试代价值为 4.3095。由于应用了 DPSO 算法对每个扩展节点处的测试集进行了优选, 全过程的计算量大大减少, 并且由于粒子群算法具有全局最优性, 保证了每一次测试集的选取具有全局最优性。

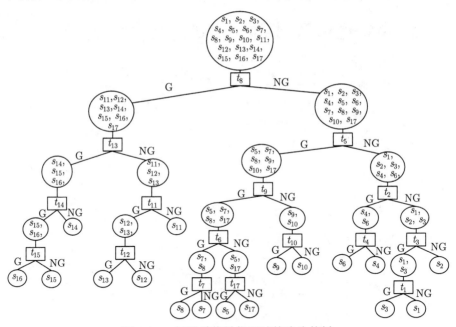

图 3.30　气源系统最优测试策略决策树

　　图 3.30 的决策树结果显示, 气源系统内的全部故障状态被成功检测并隔离, 故障检测率和隔离率达到 100%。值得注意的是, 在最终的决策树中有一个故障不能被检测, 只能被隔离, 例如 s_{16}, 虽然测试序列中的所有测试都正常, 但系统此时工作存在故障, 这说明一定发生了不能被检测只能被隔离的故障, 只能推断该故障一定位于故障决策树的最左边的分支, 从而可以确定故障源。按照测试决策树的顺序可以迅速确定故障源, 而且最终测试代价理论上最优。

第 4 章　基于系统原理和多信号流的飞机系统测试诊断

　　飞机系统属于大型复杂系统，其故障具有多发性、动态性等特点。日益复杂的结构和功能造成了高额的飞机诊断和维护的成本，出于对飞机可靠性和经济性的综合考虑，对飞机系统故障诊断和预测的能力提出了更高的要求。本章基于多信号流模型的基本理论和分层建模的思想，依据复杂系统的系统原理与功能结构的特点，综合产品设计和使用过程故障诊断与预测的需求，在测试性建模过程中加入了故障预测信息，给出了一套支持故障诊断与预测的测试诊断建模方法。根据飞机系统测试诊断的特点，给出了基于多值测试的诊断策略优化生成方法。考虑到贪婪算法和全局寻优算法存在的不足，用 rollout 算法对于基于信息熵的多值测试故障诊断策略生成算法进行改进以实现计算难度和结果精度之间的平衡。并以某型飞机的发动机引气系统为例，建立了发动机引气系统的测试诊断模型，进行测试诊断分析。

4.1　基于系统原理与多信号流的测试诊断建模

4.1.1　基于系统原理与多信号流的测试诊断建模思想

　　本章以实现故障的诊断预测为目标，以系统原理、故障模式及影响分析、测试性设计分析为基础，建立测试诊断模型。测试诊断模型的每一部分必须能描述真实系统每一部件的工作原理，表明系统相关变量之间的关联关系，体现系统故障的具体行为和特点，如故障的表现特征、故障发展过程等，还要描述测试对故障的具体输出。基于系统原理与多信号流建立测试诊断模型采用分层建模的思想：首先要对复杂系统的层次和模块进行划分；然后对模块的单元功能进行分析，明确每个模块存在的变量及变量之间存在的关联关系，根据多信号流模型图形化的建模方法建立测试诊断骨架模型。通过 FMEA 和测试性设计资料得到系统的故障信息和测试信息，分析故障和测试的可预测属性，对故障的发展状态进行描述，然后将测试信息和故障信息添加到骨架模型上，从而建立可以支持诊断预测的测试诊断模型。图 4.1 为测试诊断模型建模路线图。

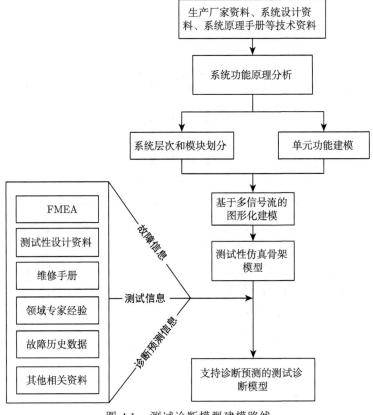

图 4.1　测试诊断模型建模路线

测试诊断模型是对系统进行分析后,采用模块、信号节点、测试点和有向连线等元素对系统的结构、功能、故障以及测试者间的关系进行描述而建立的因果关系模型。具体的建模步骤如下。

(1) 首先要收集系统功能原理图和设计资料,深入分析系统的物理组成和各部件的连接关系,根据系统原理和维修要求对对象系统进行层次划分,层次划分后按照单元功能对各个模块划分,建立基于系统工作原理的结构模型用来描述系统各层次的组成结构。

(2) 通过功能原理分析,明确功能单元的输入输出信号,在各个模块上划分输入输出端口和对应的信号,然后与多信号流方法一样根据模块间信号流动方向用有向线段将各模块的端口相互连接起来,构成测试诊断骨架模型。

(3) 应用 FMEA 等故障分析方法找出影响系统性能的关键组件和关键故障,分析每个功能模块存在的故障模式及其影响的输入输出信号。在模块内添加该模块的故障模式及其相关的诊断预测信息,并将故障模式与关联信号联系起来。

(4) 通过测试性设计资料得到测试和测试点信息,分析每个测试点上的测试项目以及各测试能观测的信号和行为,在骨架模型上添加相应的测试节点,在测试节点中加入测试信息。通过有向边描述测试节点对信号和行为的关系。

4.1.2 基于系统原理和多信号流的测试诊断骨架建模

由图 4.1 可见,测试诊断建模的第一步是建立骨架模型。骨架模型描述了功能、结构和行为特性,是进行故障诊断的必要条件,模型的准确性会大大影响到故障诊断的精度和效率,测试诊断骨架建模主要包括层次和模块划分、单元功能建模两大任务。下面对测试诊断骨架建模主要过程和方法进行介绍。

1. 层次和模块划分

随着新技术的发展和应用,飞机结构的复杂度和功能集成度越来越高,其故障传播的因果性、层次性与其结构层次性相关[215,216]。多信号流自上而下的分层建模思想有利于理清和划分系统的功能结构关系,能够清晰地表达各单元的故障和测试信息。因此在复杂系统建模之前必须进行系统结构层次划分。首先根据产品说明和设计资料等了解系统的工作原理,通过系统原理图可以确定系统的组成结构和各部件在系统中发挥的功能,然后再对系统进行层次划分。

测试性设计的最终目的是方便地找到故障,提高维修效率,因此为了确保测试性模型满足实际诊断维修的需要,本书采用了与我国分级维修相适应的层次划法方法。我国的复杂装备系统一般采用分级维修的原则,不同维修场合要求故障隔离的精度不同,因此层次划分的程度应该视实际维修的具体要求而定,系统划分的最低层级应该与故障要求隔离到的最小可更换单元所在的层级对应。按照上述标准和原则对系统进行层次划分所建立的测试性模型可以满足不同诊断维修场合的要求,而且能够减轻测试诊断分析的工作量,减少测试维修时间,提高系统的可靠性和运行效率。

在对复杂系统进行了层次划分之后,还应该进行功能模块划分。模块划分应该以功能的组成为基础,从而简化故障诊断和维修。通过分析收集到的资料获得系统各个组件的功能,将系统进行功能模块划分,划分的原则如下:① 具有相对的独立性以及外在关联性,能够清晰地体现复杂系统的结构功能相关性和模块在整个系统中的独立功能。② 具有内在包容能力,能反映或包容测试对象结构、功能和行为关系等诊断相关属性。图 4.2 为发动机引气系统的层次和模块划分示意图。

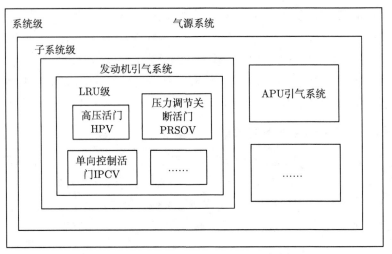

图 4.2　发动机引气系统的层次和模块划分

2. 单元功能建模

在模块划分后,对每一个模块添加单元功能,通过单元设计报告对每一个部件的功能进行分析。单元功能分析的主要工作是在熟悉对象组成、工作原理的基础上,根据部件所要经历的任务和完成的功能确定组件的输入输出变量,并分析变量之间的物理作用或因果关系,据此在每个模块上添加相应的输入输出端口,并按照物理连接和模块之间的变量传播关系将各个模块的端口结构联系起来,成为统一的整体,从而建立测试诊断骨架模型。图 4.3 为发动机引气系统的测试诊断骨架模型。

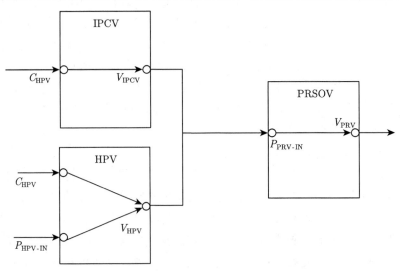

图 4.3　发动机引气系统的测试诊断骨架模型

经过上述步骤后可建立测试诊断骨架模型，模型可以定义为

$$FS = (M, E, D, I, O) \tag{4.1}$$

M 表示有限的模块集，这里的模块根据设计资料可分为系统、子系统、LRU 等不同的所属层次，表示为

$$M = [m_1, m_2, \cdots, m_l] \tag{4.2}$$

E 表示各节点的有向边的集合，表明了各个节点之间的连接关系及各个变量的传播方向，表示为 $E = [e_{ij}]$。

D 表示功能文字描述，具体说明单元在系统的功能作用，便于对模型的理解和查找使用。

I 表示输入变量，描述功能单元的所有输入变量。

O 表示输出变量，描述功能单元的所有输出变量，也是后继功能单元的输入变量。

4.1.3 基于 FMEA 的故障和测试信息建模

测试诊断骨架模型主要表达了对象系统的物理组成、功能原理和行为关系。为了实现故障诊断和故障预测，在建立测试诊断骨架模型后，需要添加故障和测试信息。

1. 故障状态划分

本章模型的故障信息可定义为

$$Fa = (F_l, F_m, F_r, F_{fs}, F_P, F_s) \tag{4.3}$$

F_l 表示故障的位置，说明故障所处的模块或功能单元，用于故障定位，可以通过系统的 FMECA 分析得到。

F_m 表示故障模式，指产品发生的且能被观察和描述的故障现象，如短路、断路、断裂、磨损等。结合系统各单元的功能定义，根据 FMEA 方法对系统可能发生的故障进行分析和定义。

F_r 表示故障发生率，根据统计的故障分布函数 (如正态分布、指数分布、韦布尔分布等) 可以确定故障发生率。

F_{fs} 表示各故障模式的功能函数，首先将故障模式和状态变量联系起来，通常认为故障是某些参数或状态方程的某个值或某个范围。通过骨架模型，表明了各个故障之间的传播关系。

F_P 表示故障的可预测性,在系统中并不是所有的故障都可以预测,如磨损故障是一个逐渐发展的过程,可以进行故障预测,而短路故障往往是突然发生的,无法对其进行故障预测,所以在故障预测之前需要对故障的可预测属性进行定义。

F_s 表示故障状态,将复杂系统的工作状态划分为多个等级,用来描述系统可能存在于故障与健康之间的多种状态。故障状态的划分应从具体的对象系统和健康管理要求出发。

2. 测试点和测试信息

根据测试性设计资料和现有的测试手段在骨架模型的相应位置添加测试点和测试。同一个测试点可以有多个不同的测试,每一个测试通过信号变量与故障相关联。测试信息一般包括测试位置、测试的关联信号、测试的信号处理算法等。本章在测试信息中同样加入诊断预测信息,对于定义的可预测的故障模式,根据现有的测试手段和技术判断是否能支持该故障的诊断预测功能。图4.4 为发动机引气系统的测试点和测试信息添加示意图。

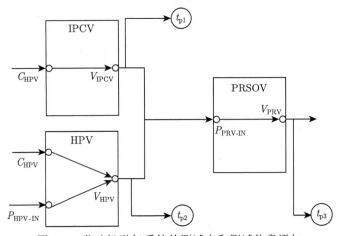

图 4.4　发动机引气系统的测试点和测试信息添加

模型的测试信息可定义为

$$Te = (T_l, T_d, T_i, T_f, T_{dp}, T_p, T_t, T_c) \tag{4.4}$$

T_l 表示测试点的位置。

T_d 表示功能文字描述。

T_i 表示输入信号和其可测的范围，是通过传感器等设备得到的测试系统的状态参数，一般都是数字量，信号采集的过程就是数据读取的过程，由于环境和设备性能的限制，测试设备不一定能得到所有的输入参数。

T_f 表示信号特征提取方法，通过一定的算法对得到的原始信号进行处理，从中提取对工况状态最为敏感的特征量，达到去粗存精的目的。

T_{dp} 表示测试的输出结果。根据经过信号处理的输入特征值输出测试结果。在本章建立的测试诊断模型中，测试的输出可以是多维的，对被测参数属于的区间进行识别和判断，得出如正常、偏大、偏小或其他多维的测试结论。

T_p 表示测试的预测能力，判断在现有的测试手段和技术下对可预测的故障类型能否实现故障预测。

T_t 和 T_c 表示测试花费时间和测试花费成本。

4.2 测试诊断模型的测试性分析和评估

模型测试性分析和评估的目的是通过计算来评价当前模型的测试性指标是否满足系统未来故障诊断和预测的要求，从而找出模型中存在的设计缺陷，通过添加测试点和测试等方法不断改进和优化模型，提高模型的诊断和预测能力，以保证基于该模型的诊断和预测的综合性能最优。

4.2.1 故障–测试相关性矩阵

故障–测试相关性矩阵描述的是故障和测试的关联关系，它是开展测试性分析的前提条件。在本章的测试诊断模型中，故障通过关联的输入输出参数与对应的测试之间存在逻辑作用关系。如果故障 f_i 与测试 t_j 相互关联，则故障 f_i 的发生会导致测试 t_j 不通过。这种关系称为故障与测试的相关性，可以通过二值矩阵来表达。

ft_{ij} 的值为 0 或 1。如果 $ft_{ij} = 1$，则故障 f_i 与测试 t_j 相关，即故障 f_i 可以被测试 t_j 检测到。反之，故障 f_i 与测试 t_j 无关，故障 f_i 不可以被测试 t_j 检测到。假设模型中有 m 个故障模式和 n 个测试，则故障–测试相关性矩阵 $FT_{m \times n}$ 表示如下：

$$FT_{m \times n} = \begin{bmatrix} ft_{11} & ft_{12} & \cdots & ft_{1n} \\ ft_{21} & ft_{22} & \cdots & ft_{2n} \\ \vdots & \vdots & & \vdots \\ ft_{m1} & ft_{m2} & \cdots & ft_{mn} \end{bmatrix} \tag{4.5}$$

4.2.2　测试性指标

1. 传统测试性指标

1) 故障检测率 (FDR)

故障检测率的定义是在一定条件下通过现有的测试手段系统能检测到的故障数量与对象系统存在的故障总数量之比。

$$\gamma_{\mathrm{FD}} = \frac{N_{\mathrm{D}}}{N_{\mathrm{T}}} \times 100\% \tag{4.6}$$

其中，N_{T} 表示系统发生的故障总数；N_{D} 表示被准确检测到的故障数量。式 (4.6) 为故障检测率的统计模型，适用于能够得到故障总数和故障检测数等相关统计数据的系统。

2) 故障隔离率 (FIR)

故障检测率的定义是在规定条件下通过现有测试手段将已检测到的故障准确隔离到不大于规定的模糊度的故障数与检测到的故障总数之比。

$$\gamma_{\mathrm{FIR}} = \frac{N_L}{N_{\mathrm{D}}} \times 100\% \tag{4.7}$$

其中，N_L 表示系统在规定条件下用现有测试正确隔离到小于等于 L 个可更换单元的故障数量。

3) 不可测故障

不可测故障的定义是由于缺少相关的测试手段或测试入口，现有的测试都不能检测出的故障。

4) 模糊组

模糊组的定义是由于某些故障具有相同的故障特征，对应的测试在故障隔离环节中无法将它们分清，无法隔离到真实故障部位。

2. 基于测试诊断模型的测试性指标

上面介绍的传统测试性参数主要包括故障检测率、故障隔离率、不可测故障等。本章为了描述故障的发展过程，在测试诊断模型中增加了故障信息和测试信息等故障预测属性。为了使测试诊断模型能对系统的故障预测能力进行评估，本章提出可预测故障、可预测故障覆盖率的概念。

1) 可预测故障

可预测故障是指故障模式本身要支持故障预测,且现有的测试手段能满足其故障预测的需求。

2) 可预测故障覆盖率

可预测故障覆盖率表示在规定条件下系统现有的手段可以完成故障预测的故障数量与所有本身支持预测的故障总数之比。

$$\gamma_{\mathrm{FS}_i} = \frac{N'_{\mathrm{PS}_i}}{N_{\mathrm{PS}_i}} \tag{4.8}$$

通过传统的测试性指标和本章提出的可预测故障和可预测故障覆盖率,我们可以方便地对模型的故障诊断预测能力进行评估,发现设计上存在的不足。通过添加删除测试点和优化测试手段来优化模型,提高系统未来的故障诊断和预测能力。

4.3 基于 AO* 算法的诊断策略优化生成

诊断策略是测试性设计中非常重要的一环,良好的诊断策略可以有效地提升系统的故障检测率和隔离率,提高系统的测试效率,降低测试成本。文献 [217] 中指出,假设有 m 个测试,每个测试有 n 个输出,则一共可以构成 $n^m m!$ 个测试序列与 $n^{m-2} m!$ 种诊断策略。由此可见,在装备系统日益复杂的今天,构建一个良好的测试策略尤为重要。相比传统的贪婪搜索算法,AO* 算法可以求得全局最优解,计算精度很高。因此,在测试策略生成时,依然采用 3.3.2 节中所述 AO* 算法对气源系统进行诊断策略的优化,并构建气源系统的与或树,从而进一步提高气源系统的测试性。

4.3.1 诊断策略的基本理论

1. 诊断树 (Diagnostic Tree) 和与或树 (AND/OR Tree)

诊断策略可以通过诊断树或者与或树 (图 4.5) 进行描述。在诊断树中,矩形表示诊断结论,圆形表示测试。在与或树中,矩形 (与节点) 表示测试,圆形 (或节点) 表示模糊集。其中最顶端的或节点称为根节点,是有待诊断的模糊集;中间的或节点称为枝节点,是经过诊断后未达到要求还需进行下一步诊断的节点;最底端的节点为叶节点,是无法进行进一步隔离,或者故障隔离精度已满足要求无须进行下一步诊断的节点。P 表示测试通过,F 表示测试不通过。诊断序列是指由根节点开始沿某路径到达某诊断结论的过程中依次经过的测试,一系列的诊断序列构成一个诊断策略。

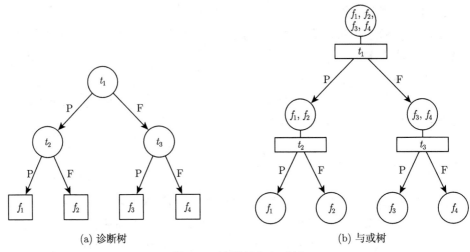

(a) 诊断树　　　　　　　　　　　　　　　　(b) 与或树

图 4.5　诊断树和与或树

2. 基本假设与参数

为了简化问题便于分析, 现作以下假设:

(1) 系统每次发生故障都为单故障。

(2) 测试为二值测试, 即测试结果只有通过 (P) 与不通过 (F) 两种情况, 并且所有测试都是可靠的。

(3) 各个测试之间相互独立。

(4) 故障诊断过程中系统故障状态不发生改变, 即不存在间歇故障和瞬态故障。

另对相关参数的定义如下:

(1) 系统可能的状态集, 即模糊集 $F = \{f_0, f_1, \cdots, f_m\}$, 其中, f_0 表示无故障状态; f_i 表示第 i 个故障发生的状态。

(2) 诊断结论概率分布集合 $P = \{P(f_0), \cdots, P(f_m)\}$, 其中, $P(f_0)$ 表示系统不发生故障的概率; $P(f_i)$ 表示第 i 个故障发生的概率。故障发生的概率与故障率 λ 有关, 具体求法为

$$P(f_0) = \frac{1}{1 + \sum_{k=1}^{m} \lambda_k/(1 - \lambda_k)} \tag{4.9}$$

$$P(f_i) = \frac{\lambda_i/(1 - \lambda_i)}{1 + \sum_{k=1}^{m} \lambda_k/(1 - \lambda_k)} \tag{4.10}$$

其中, λ_k 为故障 f_k 的常数故障率。

(3) 系统可用测试集合 $T = \{t_1, \cdots, t_n\}$，如上所述，假设每个测试都为二值输出且不存在不可靠测试。

(4) 测试费用集 $C = \{c_1, \cdots, c_n\}$，测试费用为折合了测试时间、测试成本和人工费用等的综合费用，是一个不依赖于测试顺序的常量，可根据实际情况设定合理的值。

(5) 相关性矩阵 $B = [b_{ij}]_{(m+1) \times n}$，前已对相关性矩阵进行了详细的叙述，在测试序列优化问题中，相关性矩阵是重要的数据来源。

(6) 启发式评估函数 (heuristics estimation function，HEF)，简称启发函数。由于诊断策略优化的目标可以有多种，如测试序列时间花费最少或测试序列平均测试费用最低等，因此在进行故障推理时，需要根据具体情况制定相应的标准，从而判断出下一步最佳的测试。通常，会构建一个启发函数来确定下一步最佳的测试，启发函数的一般形式为

$$k^* = \arg\max_{j}\{h(X; t_j)\} \text{ 或 } k^* = \arg\min_{j}\{h(X; t_j)\} \tag{4.11}$$

其中，X 为当前待隔离的模糊集；k^* 为下一步最佳测试的编号；$h(X; t_j)$ 为下一步备选测试 t_j 隔离 X 的费用或能力等。从中可以看出，下一步最佳测试往往是备选测试集中费用最小、时间最短或者能力最优的测试。

4.3.2 诊断策略优化生成的 AO* 搜索算法步骤

进行测试诊断策略优化的 AO* 搜索算法主要步骤如下。

第一步：设置根节点为模糊集 $F = \{f_0, f_1, \cdots, f_m\}$。

第二步：根据根节点 F，计算候选测试集中各个测试的启发函数值。设故障模糊集 F 经测试 t_j 后产生两个新模糊集，通过测试的模糊集为 F_{jp}(对应相关性矩阵中 $d_{ij} = 0$ 的故障)，未通过测试的测试集为 F_{jf}(对应相关性矩阵中 $d_{ij} = 1$ 的故障)。根据式 (4.12) 分别计算模糊集 F_{jp} 和 F_{jf} 的发生概率。

$$\hat{P}(F) = \sum_{f_i \in F} P(f_i)$$
$$P(F_{jp}) = \left[\sum_{f_i \in F}(1 - d_{ij})P(f_i)\right][\hat{P}(F)]^{-1} \tag{4.12}$$
$$P(F_{jf}) = 1 - P(F_{jp})$$

其中，$P(f_i)$ 为模糊集 F 中故障 f_i 的发生概率；$\hat{P}(F)$ 为该故障模糊集的概率和。

接着，分别计算隔离模糊集 F_{jp} 和 F_{jf} 的所需的代价 $h(F)$，可由式 (4.13) 所示的评估函数确定。

$$h(F) = w^*(F) = [\hat{P}(F)]^{-1} \sum_{f_i \in F} w_i(F)P(f_i) \tag{4.13}$$

其中，F 为系统状态可能包含的模糊集，此处可取 $F = F_{jp}$ 及 $F = F_{jf}$；$w^*(F)$ 为各故障霍夫曼编码的平均字长；$w_i(F)$ 为模糊集 F 中故障 f_i 的霍夫曼编码长度。

然后，将上述计算结果代入式 (4.14) 中，计算各测试的启发函数值 $h^*(F)$。

$$h^*(F) = \sum_{t_j} \{c_j + P(F_{jp})h(F_{jp}) + P(F_{jf})h(F_{jf})\} \tag{4.14}$$

启发函数即为

$$k^* = \arg\min_j \{h^*(F; t_j)\} \tag{4.15}$$

最后，根据启发函数，选出启发函数值最小的测试 t_m，对该测试继续向下搜索。

第三步：对测试 t_m 生成的两个子节点根据式 (4.12) 和式 (4.13) 继续进行计算，求得修正后的隔离代价，再利用修正后的隔离代价继续修正测试 t_m 的启发函数值。选出修正后启发函数值最小的测试，对该测试继续向下搜索。

第四步：重复第三步，直至求出最终的测试序列优化结果。

为了便于理解，以气源系统的 APU 引气子系统为例，根据上述步骤得到该子系统的诊断策略。APU 引气子系统的相关性矩阵和设定的故障发生概率如表 4.1 所示，同时假设测试 t_1、t_2 和 t_3 的测试费用分别为 1、1、2。

表 4.1　APU 引气子系统相关性矩阵和故障发生概率

诊断结论		APULCV 开度	APUCKV 开度	APU 引气出口压力	概率
		t_1	t_2	t_3	
无故障	f_0	0	0	0	0.8
APULCV	f_1	1	0	0	0.04
APUCKV	f_2	0	1	0	0.06
APU 下游管路	f_3	0	0	1	0.1

(1) 根节点模糊集 $F = \{f_0, f_1, f_2, f_3\}$。

(2) 故障模糊集 F 经测试 t_1、t_2、t_3 后各生成两个新的模糊集。此处以测试 t_1 为例，首先计算经 t_1 产生的模糊集，其中测试通过的模糊集为 $F_{1p} =$

$\{f_0, f_2, f_3\}$，测试未通过的模糊集为 $F_{1f} = \{f_1\}$。接着根据式 (4.12) 和式 (4.13) 求得 $\hat{P}(F) = 1$，$P(F_{1p}) = 0.96$，$P(F_{1f}) = 0.04$，$h(F_{1p}) = 1.167$，$h(F_{1f}) = 0$。最后，根据式 (4.14) 求得测试 t_1 的启发函数值为 $h^*(F) = 2.12$。同理，分别计算出测试 t_2、t_3 的启发函数值，具体结果如图 4.6 所示。

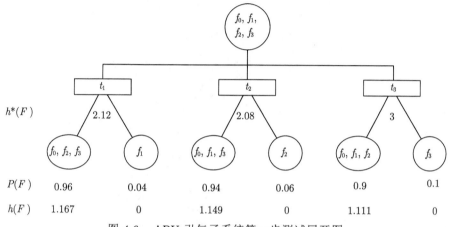

图 4.6   APU 引气子系统第一步测试展开图

(3) 从中可以看出，测试 t_2 的启发函数值最小，因此选择测试 t_2 为暂时的第一步测试，并对其枝节点继续展开。重复 (2) 中步骤，由于 $\{f_2\}$ 为叶节点，无须进行进一步展开，因此只需对模糊集 $F = \{f_0, f_1, f_3\}$ 进行展开。在第二步测试中，仍以测试 t_1 为例，此时 $\hat{P}(F) = 0.94$，$P(F_{1p}) = 0.957$，$P(F_{1f}) = 0.043$，$h(F_{1p}) = 1$，$h(F_{1f}) = 0$，从而得测试 t_1 的启发函数值 $h^*(F) = 1.957$。同理，求得测试 t_3 的启发函数值 $h^*(F) = 2.894$。相比而言测试 t_1 的启发函数值更小，因此选择测试 t_1。

(4) 模糊集 $F = \{f_0, f_1, f_3\}$ 展开完成并对下级测试的启发函数值计算完成后，需逐步向上级进行数据修正。由于展开后选择了测试 t_1，因此模糊集 $F = \{f_0, f_1, f_3\}$ 的隔离代价修正为 1.957。再进一步向上级修正第一步测试 t_2 的启发函数值，此时 $h^*(F) = 2.84$，具体数据如图 4.7 所示。

(5) 比较修正后的测试 t_1、t_2、t_3 的启发函数值，可见此时 t_1 值最小，因此采用同样的方法展开测试 t_1。再次修正后测试 t_1 的启发函数值为 2.86，因此此时测试 t_2 的启发函数值最小，继续展开测试 t_2。以此类推，不断进行 "向下展开–向上修正" 的操作，最终结果如图 4.8 所示，其中加粗部分即为最终的最优搜索结果。

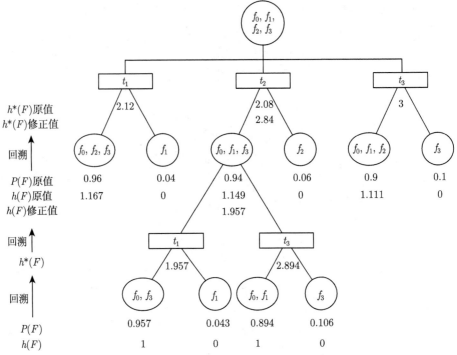

图 4.7　APU 引气子系统第二步测试展开及数据修正图

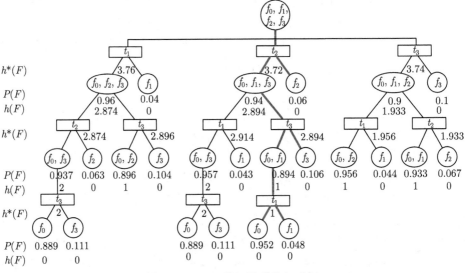

图 4.8　APU 引气子系统与或树

4.3.3 气源系统诊断策略优化

现根据 AO* 算法的原理，使用 C# 语言进行编程，对气源系统的诊断策略进行优化，构建出气源系统的与或树。程序的主要流程如图 4.9 所示，气源系统的主要信息参照表 3.1，最终得到的气源系统与或树如图 4.10 所示。

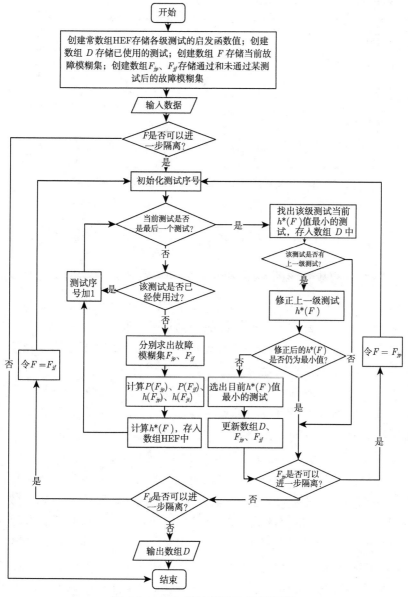

图 4.9 AO* 算法程序实现流程图

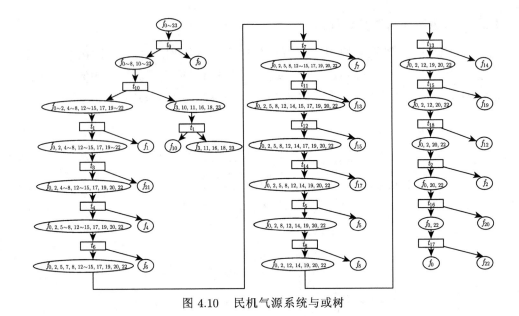

图 4.10　民机气源系统与或树

4.4　飞机系统基于多值测试的诊断策略优化

4.4.1　飞机系统的故障诊断问题

飞机在运行过程中会受到温度、湿度等各种因素的影响，恶劣的运行环境和超技术范围的运行会使飞机系统性能逐渐退化，最终导致飞机故障产生。通过各种检测技术和信号分析理论对飞机系统进行诊断，对发生的故障进行隔离定位并维修，对实现飞机安全可靠运行具有重要意义。

在飞机的测试诊断过程中，对于无法通过肉眼观察确定的故障，需要不断用传感器或其他测试手段进行故障检测、观察及隔离。在测试诊断模型中，我们假设系统同一时间只能发生一个故障，因此如果有足够的测试集，只要进行了所有的测试，那么就能够隔离出所有的故障。飞机系统功能结构复杂，导致其故障模式和相应的测试手段数量也比较庞大。不同的故障其发生率和危险性不同，其中某些故障的发生频率较高，往往就是这些多发和易发故障导致了系统停止运行，所以优先隔离出这些故障就可以减少繁多的测试步骤以减少诊断时间，降低维护成本。另外不同的故障对应的检测方法不同，花费的时间和成本也不同，不同的测试顺序就会造成故障诊断效率和成本上的差异[61]。因此，如何安排这些故障的检测诊断顺序就成了一个至关重要的问题，我们希望尽可能少地消耗检测时间和检测成本来完成故障源的隔离，从而提高飞机的生产效益。

在传统的诊断策略算法中，对于每个测试，其结果只有正常或故障两种状态，分别用相关性矩阵中的 1 和 0 表示，称为二值测试。对于飞机系统这样的复杂系统，很多测试并不是二值输出的，具有多值属性并对应了系统的不同状态。对于此类多值测试问题，如果使用基于二值测试的诊断策略将会忽略大量的故障测试信息，从而降低飞机系统的诊断效率。在本章建立的测试诊断模型测试输出可能是多维的，为了充分地利用测试诊断模型中的信息，提高故障诊断效率，本章研究了基于多值测试算法的诊断策略构建方法。

4.4.2 多值测试诊断策略的构成要素

与传统的二值测试类似，多值测试的诊断策略可由五元组 (S, P, T, C, D) 描述。

(1)$S = \{s_0, s_1, s_2, \cdots, s_m\}$ 表示对象系统的系统状态的有限集，假设同一时刻系统只能发生一个故障，s_0 表示系统处于正常状态没有故障发生，s_i 表示故障 f_i 发生时的系统状态。

(2)$P = \{p(s_0), p(s_1), p(s_2), \cdots, p(s_m)\}$ 表示对象系统各种诊断结论的先验概率分布集合，其中，$p(s_i)$ 表示系统只有故障 i 发生的概率，且满足 $0 < p(s_i) < 1$，$\sum_{i=0}^{m} p(s_i) = 1$。

(3)$T = \{t_1, t_2, t_3, \cdots, t_n\}$ 表示当前系统可用的测试集，假设测试结果都是百分百可靠的。t_i 表示第 i 个可用的测试。

(4)$C = \{c_1, c_2, c_3, \cdots, c_n\}$ 表示每个测试对应消耗的测试资源，包括测试时间和测试成本等因素，假设测试资源消耗数量与测试序列无关。

(5)$D = [d_{ij}]_{(m+1) \times n}$ 表示故障集和测试集的相关性矩阵，其中，d_{ij} 表示第 i 个测试与第 j 个故障模式的关系。

4.4.3 诊断策略优化目标

诊断策略优化问题的实质是设计选取一组最佳的测试序列，在有限的测试集合中完成对象系统故障隔离的要求，且尽量少地消耗测试资源。这里的测试资源主要指的是测试序列所耗费的平均时间和费用。Pattipati 综合考虑了测试时间和费用信息，将两者一起作为测试费用，并以此提出了费用最少的优化目标函数：

$$T_{\mathrm{b}} = \min \left\{ \sum_{i=0}^{m} p(x_i) \left(\sum_{k=1}^{|T_{(i)}|} c_{T_{(i)}[k]} \right) \right\} \tag{4.16}$$

其中，T_{b} 为能够用最少费用完成故障隔离的诊断策略；T 为诊断树；x_i 为诊

断树上的子节点；$T_{(i)}$ 为能从诊断树中隔离出故障 x_i 的测试序列；$|T_{(i)}|$ 为该测试序列的长度，即包含的测试数量；$c_{T_{(i)}}[k]$ 为测试序列 $T_{(i)}$ 中第 k 个测试的费用。

4.4.4　基于测试诊断模型的多值测试相关性矩阵

在二值测试中，我们用 1 和 0 来表示测试和故障之间的逻辑关系，在本章提出的测试诊断模型中，测试对不同故障的输出结果可以是多维的，传统的二维相关性矩阵无法表达这种关联关系，对此本章建立了故障与多值测试的相关性矩阵，如表 4.2 所示。

表 4.2　多值测试的相关性矩阵

系统状态	t_1	t_2	$\cdots$	t_n
s_0	d_{11}	d_{12}	$\cdots$	d_{1n}
s_1	d_{21}	d_{22}	$\cdots$	d_{2n}
$\vdots$	$\vdots$	$\vdots$		$\vdots$
s_m	d_{m1}	d_{m2}	$\cdots$	d_{mn}

假设测试的输出值维数为 k，则矩阵中的元素 d_{ij} 表示第 j 个测试对第 i 个故障的测试属性，取值可以是 0 到 $k-1$ 的任意整数。

4.5　基于 rollout 和信息熵的多值测试诊断策略构建

4.5.1　多值测试诊断策略的构建流程

实际的系统故障诊断与隔离过程并非一步到位的，通常是一个 "检测—隔离—再检测" 的循环过程，如此逐个排查故障原因，确定故障位置。因此诊断策略的构建也是一个 "测试优选—诊断推理—再测试优选" 的过程。多值测试诊断策略构造的基本流程可以用图 4.11 来表示。

从图 4.11 中可以看出，多值测试诊断策略的构建主要涉及以下两个问题：① 在给定的系统状态模糊集下，怎样选择最优的下一步测试。② 在给定的系统状态模糊集和确定下一步测试后，根据测试及其输出结果能得到怎样的诊断结论。为了解决第一个问题，外国学者提出构建启发式评估函数来选择最优测试。而诊断推理机通常用来解决第二个问题。下面分别介绍诊断推理机和启发式评估函数。

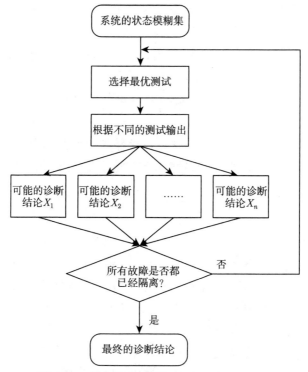

图 4.11 多值测试诊断策略构建的基本流程

1) 诊断推理机

为了得到每步测试后系统可能的诊断结果，首先给出多值测试的故障推理机。假设测试的输出结果为多维的，且输出结果是百分百可靠的。如果在测试 t_i 前系统的状态集为 X，测试 t_i 为 k 值测试，则可以分解 X 为 k 个新的子集 $X_{ij} = (X_{ia}, X_{ib}, X_{ic}, \cdots, X_{ik})$，则 X_{ia} 为测试 t_i 输出为 q_{ia} 时的诊断集。用概率的方法来表示为

$$X_{ia} = \{f_i \,|\, d_{ij} = q_{ia}, \forall f_i \in X\} \tag{4.17}$$

2) 启发式评估函数

诊断推理机用来得到经过特定的测试后系统的诊断结果，而启发式评估函数的作用是评价各搜索方向的优劣以确定下一步的最佳测试。Johnson 提出了基于信息的启发式评估函数：

$$k^* = \arg\max_i \left\{ \frac{\mathrm{IG}(x, t_i)}{c_i} \right\} \tag{4.18}$$

其中，k^* 为当系统状态模糊集为 x 时，则下一步最优的测试为 t_i；$\mathrm{IG}(x, t_i)$ 为

在当前情况下通过测试 t_i 所能获得关于系统状态信息的增益；c_i 为测试 t_i 的测试费用。

Garey 等提出了另一种启发式评估函数，称为分辨力启发式函数：

$$k^* = \arg\max_i \left\{ \frac{p(x_{ip})p(x_{if})}{c_i} \right\} \tag{4.19}$$

基于这两个启发式评估函数构建的诊断策略是近似最优的。

Pattipati 等考虑用最小的测试费用来构造启发式评估函数：

$$k^* = \arg\min_i \left\{ c_i + p(x_{ip})h(x_{ip}) + p(x_{if})h(x_{if}) \right\} \tag{4.20}$$

其中，$h(x_{ip})$ 和 $h(x_{if})$ 为 x_{ip} 和 x_{if} 的估计测试费用。Pattipati 的启发式函数与之前的两个启发式函数存在较大的差别，它没有用信息与费用的比值来评价测试，而是考虑到当前测试对后续的影响，然后选择整体诊断费用最少的测试步骤。在此基础上，Pattipati 等又提出了基于霍夫曼编码的、基于熵的和基于熵 +1 的最小费用评估函数 [218]。

采用不同的启发式函数构成的搜索算法的特点大不相同。信息启发式评估函数和分辨力启发式函数都是贪婪搜索算法，通过计算测试在当前环节的增益来评估测试优劣，它们的优点是计算速度快，但是忽略了该测试对后续诊断可能带来的影响，因此它们不能获得全局最优的诊断策略。根据测试费用最小的函数可以构造出 AO* 算法等全局最优的搜索算法，该类算法通过不断地向下搜索和修正操作来提高搜索精度，但是由于在搜索过程中存在反馈环节，计算复杂度很大，需要存储大量的数据和花费较长的计算时间，在实际应用中只适用于故障规模较小的系统，不适用于大型的复杂系统。

4.5.2　基于 rollout 和信息熵的多值测试诊断策略

飞机系统功能繁多，构造复杂，属于大型复杂系统。AO* 算法等全局最优的搜索算法不适用于飞机系统，容易出现计算爆炸问题，基于信息熵的算法计算量小但是精度不高。为了解决飞机系统在诊断策略优化上计算量和计算精度难以平衡的问题，利用 rollout 算法对基于信息熵的多值属性系统诊断策略优化方法上进行改进 [219,220]。

rollout 算法最初是 Bertsekas 为了解决组合优化和随机排序问题而提出的 [221]。它的步骤是先用一个基准策略为基础进行前向搜索，经过 rollout 算法对基准策略进行更新和优化，以优化的策略作为新的基准策略继续向前搜索，重复迭代，最后得到最优的诊断策略。该算法的实质是对于基准策略进行了迭代计算，增加了一定的计算，虽然不能保证最终得到的解是全局最优的，但是它能保证得到比基准策略更为精确的结果。

在信息理论中，系统随机变量的不确定度可以用信息熵来表示。假设对某系统进行诊断测试，$F = \{s_0, s_1, s_2, \cdots, s_m\}$ 为系统状态模糊集，$P = \{p(s_0), p(s_1), p(s_2), \cdots, p(s_m)\}$ 为其发生概率集合，在系统单故障的假设下，信息理论中熵的分布概率为

$$H(p) = -\sum_{i=0}^{m} p(x_i) \log_2 p(x_i) \tag{4.21}$$

在二值测试中，设系统可用测试集 $T = \{t_1, t_2, t_3, \cdots, t_n\}$，测试 t_i 将系统分为两个子集 x_{ip} 和 x_{if}，分别表示测试通过和测试不通过的子集，则信息增益 $\mathrm{IG}(s, t_i)$ 表示测试 t_i 可以提供的系统状态信息量，可以用式 (4.22) 表示。

$$\mathrm{IG}(s, t_i) = -\frac{p(x_{ip})}{p(s)} \log_2 \frac{p(x_{ip})}{p(s)} - \frac{p(x_{if})}{p(s)} \log_2 \frac{p(x_{if})}{p(s)} \tag{4.22}$$

在多值测试中，设系统可用测试集 $T = \{t_1, t_2, t_3, \cdots, t_n\}$，测试 t_i 可以将系统分为 m 个子集，x_{ik} 表示测试 t_i 对应输出为 v_{ik} 时对应系统可能的状态集，则式 (4.22) 可改写为

$$\mathrm{IG}(s, t_i) = -\sum_{k=1}^{m} \frac{p(x_{ik})}{p(s)} \log_2 \frac{p(x_{ik})}{p(s)} \tag{4.23}$$

测试提供的系统状态信息量越大，该测试对于故障隔离越有作用。所以在综合考虑测试费用的情况下优先进行这些测试，一般用式 (4.18) 信息量与测试代价的比值作为启发函数。测试顺序按照启发函数值的大小排序，从而选出最优的测试序列。

在选用信息熵函数作为算法的启发式评估函数时，采用 rollout 算法对搜索过程进行优化，如图 4.12 所示，具体步骤如下。

第一步：设系统状态模糊集为 $X = \{s_0, s_1, s_2, \cdots, s_m\}$，可用测试集为 $T = \{t_1, t_2, t_3, \cdots, t_n\}$。

第二步：对状态模糊集 X 用测试集中一个测试 t_i 进行测试，假设测试 t_i 有 m 维输出，则根据诊断推理机测试 t_i 会把模糊集分为 m 个子集，按照式 (4.24) 分别计算 m 个子集的概率。

$$p(x_i) = \sum_{s_i \in x_i} p(s_i) \tag{4.24}$$

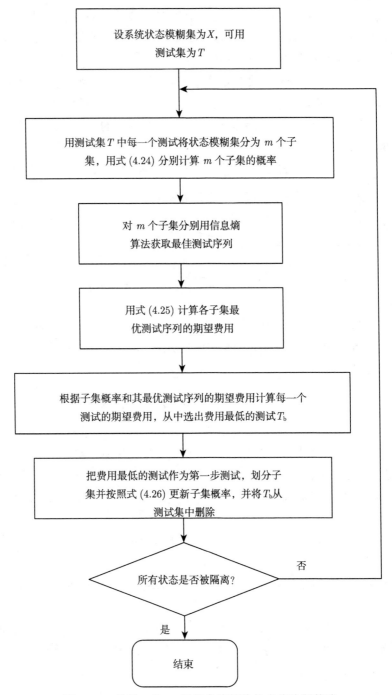

图 4.12　基于 rollout 和信息熵算法的多值诊断策略

第三步：选用基于信息熵的启发式评估函数，用式 (4.18) 评价各个子集的剩余可用测试，根据信息熵算法分别得到子集的最佳测试序列，并用式 (4.25) 计算该测试序列的期望测试费用。其中，m_{x_i} 表示模糊 x_i 中故障模式的数量。

$$C(x_i) = \sum_{i=1}^{m_{x_i}} \left(\sum_{j=1}^{|T_i|} c_{T_i} \right) p(x_i) \tag{4.25}$$

第四步：计算测试 t_i 的测试费用，在测试集中选取费用最低的测试 T_b，将状态集 X 划分为 m 个子集，并根据式 (4.26) 更新各子集中状态的概率。

$$p^*(s_i) = p(s_i) / \sum_{s_i \in x_i} p(s_i) \tag{4.26}$$

第五步：以新的 m 个子集为模糊集 X，将 T_b 从测试集中删除。

第六步：重复第二到第五步直到所有子集中元素的个数不大于 1。

4.6 实 例

4.6.1 发动机引气系统测试诊断模型建立

1) 发动机引气系统的层次和模块划分

飞机的发动机引气系统是气源系统的重要组成部分之一，气源系统应该为系统级，因此把发动机引气系统定义为子系统级，其组成部件为 LRU 级。根据发动机引气系统的系统原理，其组成部分可划分为多个 LRU 级的部件，分别为中压单向活门 IPCV、高压活门 HPV、调节关断活门 PRSOV、预冷器 PCE、风扇空气活门 FAV、引气温度传感器 BTS 和 PRSOV 下游管道。图 4.13 为发动机引气系统层次模块划分示意图。

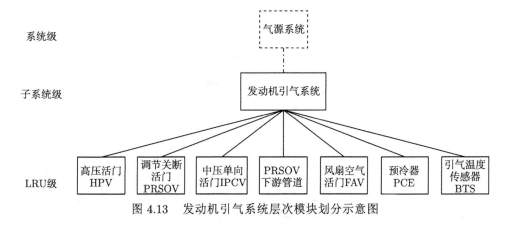

图 4.13 发动机引气系统层次模块划分示意图

综上, 发动机引气系统的模块集合为 $C = \{c_1, c_2, \cdots, c_7\}$。其中, c_1 表示中压单向活门 IPCV; c_2 表示高压活门 HPV; c_3 表示调节关断活门 PRSOV; c_4 表示 PRSOV 下游管道; c_5 表示预冷器 PCE; c_6 表示引气温度传感器 BTS; c_7 表示风扇空气活门 FAV。

对每个部件进行分析, 其相关联的变量如表 4.3 所示。

表 4.3　发动机引气系统各单元的输入输出变量

模块	输入变量	输出变量
中压单向活门 IPCV	发动机引气选择命令 C_{HPV}	IPCV 开度 V_{IPCV}
高压活门 HPV	发动机引气选择命令 C_{HPV} 高压级上游压力 P_{HPV-IN}	HPV 开度 V_{HPV}
调节关断活门 PRSOV	PRSOV 入口压力 P_{PRV-IN} 引气压力调节值 P_{PIPS}	PRSOV 开度 V_{PRV} PRSOV 出口压力 $P_{PRV-OUT}$
PRSOV 下游管道	PRSOV 出口压力 $P_{PRV-OUT}$	预冷组件入口压力 P_{PIPS}
风扇空气活门 FAV	FAV 力矩电流 I_{FAV} FAV 供电 W_{FAV}	FAV 阀门开度 V_{FAV}
预冷器 PCE	预冷组件入口压力 P_{PIPS} FAV 阀门开度 V_{FAV}	PCE 热边出口温度 T_{PCE}
引气温度传感器 BTS	PCE 热边出口温度 T_{PCE}	发动机引气温度 T_{BTS}

2) 发动机引气系统的故障和测试信息分析

根据发动机引气系统相关手册、生产资料、FMECA、测试性设计手册、维修手册等技术资料, 得到发动机引气子系统存在的故障模式和关联信号, 如表 4.4 所示。测试信息资料如表 4.5 所示。

表 4.4　发动机引气系统故障模式及关联信号

故障部位	故障名称	故障关联参数或特征参数	是否支持预测
中压单向活门 IPCV	IPCV 开位失效	IPCV 开度 V_{IPCV}	是
	IPCV 关位失效	HPV 出口压力 $P_{HPV-OUT}$, IPCV 开度 V_{IPCV}	是
高压活门 HPV	HPV 开/关位失效	HPV 开度 V_{HPV}	是
调节关断活门 PRSOV	PRSOV 开/关位失效	PRSOV 开度 V_{PRV}, PRSOV 出口压力 $P_{PRV-OUT}$	是
	PRSOV 内部泄漏	PRSOV 出口压力 $P_{PRV-OUT}$	否
PRSOV 下游管道	导管焊缝破裂	PRSOV 出口压力 $P_{PRV-OUT}$	否
预冷器 PCE	PCE 内部泄漏/效率降低	PCE 热边出口温度 T_{PCE}	否
传感器 BTS	发动机引气超温/低温	发动机引气温度 T_{BTS}	否
风扇空气活门 FAV	FAV 开/关位失效	FAV 阀门开度 V_{FAV}	否

表 4.5　发动机引气系统的测试集

序号	测试名称	检测信号	通过条件	是否支持预测
t_1	IPCV 开度检视	V_{IPCV}	$C_{HPV}=1$, $V_{IPCV}=0/C_{HPV}=0$, $V_{IPCV}=1$	否
t_2	HPV 开度检视	V_{HPV}	$C_{HPV}=1$, $V_{IPCV}=1/C_{HPV}=0$, $V_{IPCV}=0$	否
t_3	PRSOV 开度检视	V_{PRV}	$C_{HPV}=1$, $V_{PRV}=1/C_{HPV}=0$, $V_{PRV}=0$	否
t_4	PRSOV 出口压力监测	$P_{PRV\text{-}OUT}$	[2.8, 3.3] bar gauge	是
t_5	PRV 下游出口压力监测	P_{PIPS}	[2.8, 3.3] bar gauge	否
t_6	PCE 热边出口温度监测	T_{PCE}	[190,260] °C	否
t_7	发动机引气温度监测	T_{BTS}	[190,260] °C	否
t_8	FAV 阀门开度检视	V_{FAV}	$+I_{FAV} \to +V_{FAV}$	否

其中，PRSOV 开位故障支持故障预测，本章将 PRSOV 的开位故障分为四个故障状态，分别为故障状态 0(开度 0°，正常状态)、故障状态 1(开度 60°，退化状态)、故障状态 2(开度 120°，恶化状态)、故障状态 3(开度 180°，完全故障状态) 四种状态。

根据故障信息在测试诊断骨架模型上添加故障节点和故障属性信息，并与相应的故障特征参数相关联，根据测试信息在测试诊断骨架模型上添加测试节点和测试信息，并与相应的特征参数相关联。

发动机引气系统测试集合为 $T = \{t_1, t_2, \cdots, t_8\}$，测试点集合为 $T_p = \{t_{p1}, t_{p2}, \cdots, t_{p7}\}$，其中，$t_{p1} = \{t_1\}$，$t_{p2} = \{t_2\}$，$t_{p3} = \{t_3, t_4\}$，$t_{p4} = \{t_5\}$，$t_{p5} = \{t_6\}$，$t_{p6} = \{t_7\}$，$t_{p7} = \{t_7, t_8\}$。

3) 发动机引气系统的测试诊断模型

根据以上分析结果，本章建立某型飞机发动机引气子系统的测试诊断模型，如图 4.14 所示。

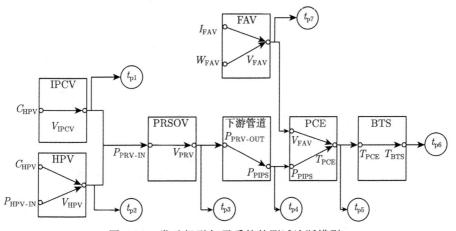

图 4.14　发动机引气子系统的测试诊断模型

4.6.2　发动机引气系统测试策略优化

假设某飞机发动机引气系统可能存在的故障状态有 13 个 ($S = \{s_1, s_2, \cdots,$ $s_{13}\}$)，其相关联的测试有 8 个 ($T = \{t_1, t_2, \cdots, t_8\}$)，其中，除 t_6 外其他都是三值测试，可以用 0、1 和 2 分别表示检测信号的三种测试情况，根据统计数据得到状态概率 $p = \{p(s_0), p(s_1), \cdots, p(s_m)\}$，假设测试费用分别如下，其相关性矩阵和测试故障信息可以用表 4.6 表示。

表 4.6　发动机引气子系统多值测试属性表

系统状态	t_1	t_2	t_3	t_4	t_5	t_6	t_7	t_8	状态分布概率
	测试费用								
	1	2	3	4	5	6	7	8	
s_1(IPCV 开位失效)	2	2	0	0	0	0	0	0	0.0174
s_2(IPCV 关位失效)	1	0	0	0	0	0	0	0	0.0266
s_3(HPV 开位失效)	0	2	2	0	2	0	0	0	0.0625
s_4(HPV 关位失效)	0	1	1	0	1	0	0	0	0.1042
s_5(PRSOV 开位失效)	0	0	2	2	2	0	0	0	0.0278
s_6(PRSOV 关位失效)	0	0	1	1	1	0	0	0	0.0556
s_7(PRSOV 内部泄漏)	0	0	0	1	1	0	0	0	0.0579
s_8(导管焊缝破裂)	0	0	0	0	1	0	0	0	0.4408
s_9(发动机引气超温)	0	0	0	0	0	0	2	0	0.1157
s_{10}(发动机引气低温)	0	0	0	0	0	0	1	0	0.0457
s_{11}(PCE 内部泄漏)	0	0	0	0	0	1	0	0	0.0228
s_{12}(FAV 开位失效)	0	0	0	0	0	0	2	2	0.0114
s_{13}(FAV 关位失效)	0	0	0	0	0	0	1	1	0.0116

应用本章的方法搜索最佳测试序列。首先以 t_1 为第一步测试，用信息熵方法生成的最优测试序列和各模糊子集的分布概率如图 4.15 所示。

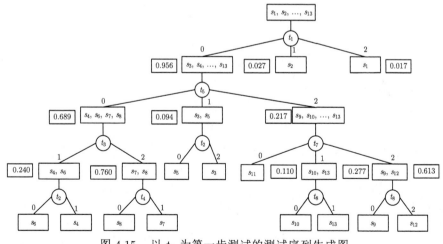

图 4.15　以 t_1 为第一步测试的测试序列生成图

采用测试 t_1 可以将系统所有状态分为三个子集 $\{s_1\}$、$\{s_2\}$ 和 $\{s_3, s_4, \cdots, s_{13}\}$。$\{s_1\}$ 和 $\{s_2\}$ 是终端节点，子集 $\{s_1\}$ 的概率为 0.017，子集的概率 $\{s_2\}$ 为 0.027，模糊子集 $\{s_3, s_4, \cdots, s_{13}\}$ 的概率为 $1-0.017-0.027=0.956$。

对于模糊子集 $\{s_3, s_4, \cdots, s_{13}\}$，可用的测试有 $\{t_2, t_3, \cdots, t_8\}$，根据信息熵算法对模糊集 $\{t_2, t_3, \cdots, t_8\}$ 搜索优化测试序列，根据信息熵启发式评估函数，对于模糊集 $\{s_3, s_4 \cdots, s_{13}\}$ 下一步最优的测试为 t_5，测试 t_5 可以将模糊集 $\{s_3, s_4, \cdots, s_{13}\}$ 分为三个子集 $\{s_4, s_6, s_7, s_8\}$、$\{s_3, s_5\}$ 和 $\{s_9, s_{10}, \cdots, s_{13}\}$，经计算，其分布概率分别为 0.689、0.094 和 0.217，其中对于子集 $\{s_9, s_{10} \cdots, s_{13}\}$，$t_7$ 拥有最大的单位信息增益，可以将 $\{s_9, s_{10} \cdots, s_{13}\}$ 分解为 $\{s_{11}\}$、$\{s_{10}, s_{13}\}$ 和 $\{s_9, s_{12}\}$，其分布概率分别为 0.110、0.277 和 0.613，其中 $\{s_{11}\}$ 为终端节点，对于 $\{s_{10}, s_{13}\}$ 和 $\{s_9, s_{12}\}$ 分别有唯一的测试 t_8 可将它们分解为终端节点。对于子集 $\{s_4, s_6, s_7, s_8\}$，可用测试集中最优的测试为 t_3，可以将子集分为 $\{s_4, s_6\}$ 和 $\{s_7, s_8\}$，其分布概率为 0.240 和 0.760，分别可以用唯一的测试 t_2 和 t_4 将它们分解为终端节点。对于子集 $\{s_3, s_5\}$ 有唯一可用的 t_2 可以将它们分解为终端节点，最终得到以 t_1 为第一步测试的测试序列。然后用式 (4.24) 计算模糊子集 $\{s_3, s_4, \cdots, s_{13}\}$ 测试序列的期望测试费用：

$$C_{\{s_3, s_4, \cdots, s_{13}\}} = 5 + 0.689 \times 3 + 0.689 \times (0.24 \times 2 + 0.76 \times 4)$$

$$+ 0.094 \times 2 + 0.217 \times 7 + 0.217 \times (0.277 \times 8 + 0.613 \times 8) = 12.744$$

则以 t_1 为第一步测试的测试序列的期望测试费用为

$$C_{(t_1)} = 1 + 12.744 \times 0.956 = 13.183$$

同理可得以其他测试为第一步测试的期望测试费用。其中期望测试费用最低的是第一步测试为 t_5 的测试序列，因此选取 t_5 为第一步测试。t_5 将系统所有状态分为子集 $\{s_1, s_2, s_9, s_{10}, \cdots, s_{13}\}$、$\{s_4, s_6, s_7, s_8\}$ 和 $\{s_3, s_5\}$，并把 t_5 从测试集中删除，更新各子集分布概率，对于子集 $\{s_1, s_2, s_9, s_{10}, \cdots, s_{13}\}$ 分别计算各测试集中测试的期望费用，选取最优的第二步测试为 t_1，重复上述过程对余下的节点进行求解，最终可得如图 4.16 所示的测试序列生成图。

图 4.16 的诊断树结果表明，在经过图中所有的测试环节后，发动机引气系统中的所有故障被成功检测和隔离，验证了多值测试的诊断策略得到的测试顺序可以迅速地确定故障源，而且测试诊断环节的期望费用在理论上是最少的。

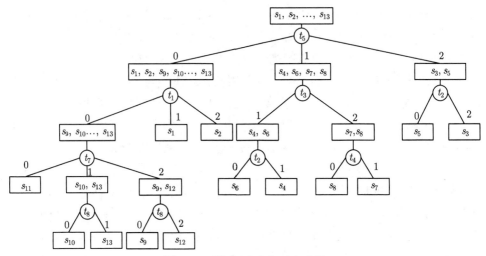

图 4.16　最优测试序列生成图

第 5 章　基于故障传播机理和 Petri 网的飞机系统故障诊断技术

随着飞机系统的结构复杂度不断提高，故障诊断的难度也不断增大。故障模型的建立是实现故障诊断的前提，好的模型能够在最大程度上集成故障诊断的相关知识。近年来，扩展染色模糊故障 Petri 网模型被广泛应用于航空、航天、军事等诸多领域。针对民机系统故障性质呈现出的层次性、传播性、相关性、不确定性等特点，本章给出一种扩展染色模糊故障 Petri 网 (colored fuzzy fault Petri net，CFFPN) 模型，以及基于 CFFPN 模型的诊断推理算法，并建立气源系统部分 CFFPN 模型，进行故障推理分析，验证方法的有效性。

5.1　故障诊断 Petri 网模型

5.1.1　Petri 网模型理论基础

1. Petri 网的基本定义

定义 5.1　若三元组 $N = (P,T;F)\sum\limits_{i=1}^{n}$ 满足以下条件，则称 N 为有向网：

(1) $P \cup T \neq \varnothing$，$P \cap T = \varnothing$。

(2) $F \subseteq (P \times T) \cup (T \times P)$（"$\times$" 为笛卡儿积）。

(3) $\mathrm{dom}(F) \cup \mathrm{cod}(F) = P \cup T$。

其中，$\mathrm{dom}(F) = \{x | \exists y : (x,y) \in F\}$ 为 F 的定义域；$\mathrm{cod}(F) = \{y | \exists x : (x,y) \in F\}$ 为 F 的值域；P 为有向网 N 的库所集；T 为变迁集；F 为流关系。

定义 5.2　令 $N = (P,T;F)$ 为有向网，$X = P \cup T$，对于 $\forall x \in X$，称 $^*x = \{y | (y,x) \in F\}$ 为 x 的前置集或输入元素集，$x^* = \{z | (x,z) \in F\}$ 为 x 的后置集或输出元素集。

定义 5.3　若四元组 $\mathrm{PN} = (P,T;F,M_0)$ 满足以下条件，则称 PN 为 Petri 网：

(1) $N = (P,T;F)$ 为有向网。

(2) $M : P \to Z$ 为标识函数 (或状态函数)，其中 Z 为非负整数集。

(3) 引发规则如下。

a. 变迁 $t \in T$，当 $\forall p \in {}^*t$: $M(p) \geqslant 1$ 时，则称变迁 t 是使能的，记作 $M[t>$；

b. 若变迁 t 是使能的，则变迁 t 将会引发，从而将标识 M 变成新标识 M'，并称 M' 为 M 的后继标识，记作 $M[t > M'$，即

$$M' \begin{cases} M(p)+1, & p \in t^* - {}^*t \\ M(p)+1, & p \in {}^*t - t^* \\ M(p), & \text{其他} \end{cases} \tag{5.1}$$

PN 的标识 M 可用一个 m 维向量表示，记作 M。其中，m 为非负整数向量，$M(i) = M(p_i)$，$i = 1, 2, \cdots, m$。

定义 5.4　令四元组 $\mathrm{PN} = (P, T; F, M_0)$ 为 Petri 网，设 M 为 Petri 网 PN 的一个标识，则：

(1) 若存在 t_1 和 t_2，使得 $M[t_1 > M'$，且 $M[t_2 >$，$M'[t_2 >$，则称变迁 t_1 和 t_2 在标识 M 下有顺序关系；

(2) 若存在 t_1 和 t_2，使得 $M[t_1$ 和 $M[t_2$，并满足 $M[t_1 > M_1 \Rightarrow M_1[t_2 >$ 且 $M[t_2 > M_2 \Rightarrow M_2[t_1 >$，则称变迁 t_1 和 t_2 在标识 M 下有并发关系；

(3) 若存在 t_1 和 t_2，使得 $M[t_1$ 和 $M[t_2$，并满足 $M[t_1 > M_1 \Rightarrow \neg M_1[t_2 >$ 且 $M[t_2 > M_2 \Rightarrow \neg M_2[t_1 >$，则称变迁 t_1 和 t_2 在标识 M 下有冲突关系。

定义 5.5　令四元组 $\mathrm{PN} = (P, T; F, M_0)$ 为 Petri 网，若存在 $M_1, M_2, \cdots, M_k$，使得 $\forall 1 \leqslant i \leqslant k$，$\exists t_1 \in T : M_i[t_i > M_{i+1}$，则称变迁序列 $\sigma = \{t_1, t_2, \cdots, t_k\}$ 在标识 M_1 是使能的，即 M_{k+1} 到 M_1 是可达的，记作 $M_1[\sigma > M_{k+1}$。

定义 5.6　令四元组 $\mathrm{PN} = (P, T; F, M_0)$ 为 Petri 网，令最小集合 $R(M_0)$，且满足：

(1) $M_0 \in R(M_0)$；

(2) 若 $M \in R(M_0)$，且 $t \in T$ 使得 $M[t > M'$，则 $M' \in R(M_0)$，称 $R(M_0)$ 为可达标识集合 [222]。

2. Petri 网的基本性质

Petri 网的基本性质主要包括可达性、有界性和安全性、活性、公平性 [222]、持续性等。这些性质不仅和 Petri 网的初始状态有关，还与结构有关。Petri 网的主要性质和特征如下所述。

1) 可达性

可达性是系统动态行为的最基本性质，指系统运行过程中能达到指定的状态，其他性质都是通过可达性给出相关定义。按照变迁引发规则，使能变迁的引发将

改变 token 的分布 (产生新的标识)。

定义 5.7 令四元组 PN= $(P, T; F, M_0)$ 为 Petri 网，若存在 $t \in T$, $M[t >$ M'，则称 M' 到 M 是可达的；若存在一系列的序列 $M_1, M_2, \cdots, M_k$ 和变迁序列 $t_1, t_2 \cdots, t_k$ 满足：

$$M[t_1 > M_1[t_2 > M_2 > \cdots > M_{k-1}[t_k > M_k \tag{5.2}$$

则称 M_k 到 M 是可达的；所有可达标识组成可达标识集合，记为 $R(M)$。

2) 有界性和安全性

在 PN= $(P, T; F, M_0)$ 中，若存在一个非负整数 k，使得 M_0 的任一可达标识的每个库所中的标识数都不超过 k，即 $\exists k \in Z^+$，对 $\forall M \in R(M_0)$，都有 $k \geqslant M(p)$，则称库所 p 为 k 有界。若 PN 中每一个库所都是 k 有界，则称 PN 为 k 有界。库所 p 为 1 有界称为库所 p 是安全的。若 PN 中每一个库所都是安全的，则称 PN 是安全的。

3) 活性

定义 5.8 令四元组 PN= $(P, T; F, M_0)$ 为 Petri 网，M_0 为初始标识，$t \in T$，若 $\forall M \in R(M_0)$，都存在 $M' \in R(M)$，使得 $M'[t >$，则称变迁 t 是活性的。若每个 $t \in T$ 都是活的，则称 PN 是活性的。

4) 公平性

Petri 网中的公平性，主要是为了讨论 Petri 网系统中两个变迁发生存在的相互关系。这种关系能反映出被模拟系统的各个子部分在竞争共享资源时不存在饥饿性问题。

定义 5.9 令四元组 PN= $(P, T; F, M_0)$ 为 Petri 网，$t_1, t_2 \in T$，若存在正整数 k，使得 $\forall M \in R(M_0)$ 和 $\forall \sigma \in T^* : M[\sigma >$ 都有 $\#(t_i/\sigma) = 0 \to \#(t_j/\sigma) \leqslant k$，$i, j \in \{1, 2\} \land i \neq j$，则称 t_1 和 t_2 处于公平关系。若 Petri 网中任意两个变迁都是公平关系，则称 PN 是公平的。

5) 持续性

Petri 网的持续性是指若在可达标识 M 下变迁 t 是使能的，那么从 M 引发其他任意变迁或者任意不包含 t 的变迁序列后，t 仍然是使能的。若 Petri 网中任意可达变迁和任意变迁上述所述性质都成立，则称这个网是持续的。

定义 5.10 令四元组 PN= $(P, T; F, M_0)$ 为 Petri 网，若对任意 $M \in R(M_0)$ 和任意 $t_1, t_2 \in T(t_1 \neq t_2)$，都有 $\left(M\left[t_1 > \land M\left[t_2 > M'\right.\right.\right) \to M'[t_1 >$，则称 PN 是持续的。

3. Petri 网常用的分析方法

Petri 网以图形的方式来表达系统建模、分析和控制，可以模拟系统的动态变化过程，并且通过 Petri 网自身的性质和分析方法对被模拟系统进行特性分析。目前比较流行的分析技术有可覆盖树方法和关联矩阵方法 [222]，其中有界的可覆盖树称为可达树。可覆盖树方法的基本思想是枚举所有的可达标识或者可覆盖标识，它适用于所有的 Petri 网类型。然而，由于"状态爆炸"问题，它只能用于小规模 Petri 网的分析，关联矩阵方法适用于具有特殊结构的一些 Petri 网。采用这些方法可以对 Petri 网描述的系统行为性质进行定量分析，如系统的规范和验证、可靠性和安全性分析等。

1) 可达树/覆盖树分析法

对于一个 Petri 网 PN= $(P, T; F, M_0)$，以 M_0 作为树根，树中的节点表示 M_0 经过使能变迁的引发产生的标识，节点之间的连线表示了标识和变迁之间的关系 $M[t > M'$。可达标识的这种树结构表示，称为 Petri 网的可达树。

对于有界 Petri 网，其可达标识集合 $R(M_0)$ 是有界的，可达树中包含了其所有的可达标识，在此情况下，Petri 网的所有性质都可以通过可达树分析，从而得知系统的状态信息。图 5.1 为某一个简单的 Petri 网模型对应的可达图。

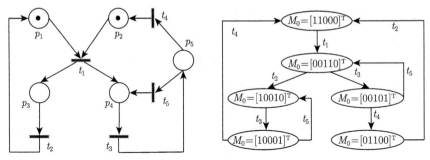

图 5.1　Petri 网模型的可达图示例

对于无界 Petri 网，由于可达标识将无限增长，则树节点也将无限增长，为了保持树有限，引入"无限"特殊符号 "ω"，该 ω 具有如下特性：$\forall k \in Z$(整数集)：$\omega > k$，$\omega \pm k = \omega$ 且 $\omega \geqslant 0$。对于节点 M，若在 M_0 到 M 的路径上存在节点 M_0，并满足 $\forall p \in P$，$M(p) \geqslant M'(p)$，且 $M \neq M'$，即称 M' 是可覆盖的，这样得到的树就称为 Petri 网的覆盖树。

2) 关联矩阵分析法

Petri 网的网结构可以使用一个矩阵来表示，设 PN= $(P, T; F, M_0)$，由于 Petri 网是有限的，可令 $P = \{p_1, p_2, \cdots, p_n\} (n > 0)$，$T = \{t_1, t_2, \cdots, t_m\} (m > 0)$，则

Petri 网可以用一个 $n \times m$ 的矩阵 A(关联矩阵) 表示，即

$$A = [a_{ij}]_{n \times m} \tag{5.3}$$

其矩阵元素 $a_{ij} = a_{ij}^+ - a_{ij}^-, i \in \{1, 2, \cdots, n\}, j \in \{1, 2, \cdots, m\}$，其中，$a_{ij}^+ = \begin{cases} 1, (t_i, p_j) \in F \\ 0, \quad 其他 \end{cases}$，代表变迁 t_i 到它的输出库所 p_j 的弧的权值；$a_{ij}^- = \begin{cases} 1, (p_j, t_i) \in F \\ 0, \quad 其他 \end{cases}$，代表输入库所 p_j 到变迁 t_i 的弧的权值。称 $A^+ = [a_{ij}^+]_{n \times m}$ 为 Petri 网的输出关联矩阵，$A^- = [a_{ij}^-]_{n \times m}$ 为 Petri 网的输入关联矩阵。Petri 网的状态标识向量可用一个 m 维向量表示，即

$$M = [M(p_1), M(p_2), \cdots, M(p_m)]^T \tag{5.4}$$

设 PN$= (P, T; F, M_0)$ 为有限的 Petri 网，初始标识向量为 M_0，若 $M \in R(M_0)$，则存在向量 n，使

$$M = M_0 + A^T n \tag{5.5}$$

5.1.2 扩展染色模糊故障 Petri 网 (CFFPN) 模型

基础 Petri 网具有一定的局限性，模型很容易建得庞大，为解决实际问题，研究人员对基础 Petri 网进行了相应扩展，主要有模糊 Petri 网 (fuzzy Petri net，FPN)[117]、故障 Petri 网 (fault Petri net，FPN)[223] 和染色 Petri 网 (CPN)[147,148]。其中，模糊 Petri 网是基于模糊产生式规则与基础 Petri 网相结合而提出来的，它能准确地表达知识，进行相应推理，它符合专家系统关于知识库、推理机制的要求，有较为严密的数学理论支持，还可以对现实世界中的不确定性和模糊性进行合理描述，又可以进行不确定性推理。用模糊 Petri 网的分析方法去处理复杂系统的故障信息，可有效地进行知识表达和推理，进行不确定性故障的诊断。模糊 Petri 网中的令牌 (token) 值、权值和阈值都代表了一种可能性，均以概率的形式表现，它可以对模拟事件进行模糊推理，在故障应用领域，可以规定不同的变迁策略方法描述系统的不同故障状态变化。故障 Petri 网主要是针对故障传播特性提出来的一种扩展 Petri 网方法，它具有基础 Petri 网和故障传播两种基本属性，主要特点是引入中间库所，可以生动地展示某一故障的发展阶段或某一系统的各个层次发展历程，其中网络表示故障的传播路径和传播过程，变迁表示故障状态信息。染色 Petri 网，顾名思义，就是对基本 Petri 网中元素着以不同的颜色，定义不同的染色规则，可用 C 来表示颜色函数。

　　模糊 Petri 网的故障传播模式不能体现故障动态传播过程，故障 Petri 网能够模拟故障传播过程，但不能很好地处理模糊知识。针对民机系统故障性质呈现出的层次性、传播性、相关性、不确定性等特点，通过融合上述模糊 Petri 网、故障 Petri 网和染色 Petri 网的相关思想，给出一种扩展染色模糊故障 Petri 网 (CFFPN) 的故障诊断方法 [224,225]。

　　定义 5.11　扩展染色模糊故障 Petri 网定义为一个十二元组：

$$S_{\text{CFFPN}} = (P, T; I, O, K, C, M, \Omega, \alpha, f, H, U) \tag{5.6}$$

其中，$P = \{p_1, p_2, \cdots, p_n\}\,(n > 0)$ 为有限非空库所节点集合，用来表示故障模式；$T = \{t_1, t_2, \cdots, t_m\}\,(m > 0)$ 为有限非空变迁节点集合，t 为库所节点，用来表示故障的状态变量，反映系统故障传播阶段的更替变化；$I = P \times T$ 为 Petri 网输入矩阵，反映库所到变迁的映射，其中库所 $p_i(i = 1, 2, \cdots, n)$ 到变迁 $t_j(j = 1, 2, \cdots, m)$ 的有向弧称为变迁 t_j 的输入弧，p_i 为变迁 t_j 的输入库所；$O = T \times P$ 为 Petri 网输出矩阵，反映变迁到库所的映射，其中变迁 $t_j(j = 1, 2, \cdots, m)$ 到库所 $p_i(i = 1, 2, \cdots, n)$ 的有向弧称为变迁 t_j 的输出弧，p_i 为变迁 t_j 的输出库所；$K = \{k_1, k_2, \cdots, k_n\}$ 为令牌的有限集合，表示故障信息；C 为颜色集合，本章用染色库所表示不同故障类型，染色 token 表示故障事件的置信度等级，染色变迁表示点火发生与否；$M = (m_1, m_2, \cdots, m_n)^{\text{T}}$ 为库所标识分布 n 维向量，元素 $m_i(i = 1, 2, \cdots, n)$ 表示对应库所 p_i 的 token 数目和颜色，token 数目表示有无故障发生、故障发生的严重程度以及引发该故障的路径数，token 颜色则是该故障的置信度等级，M_0 为初始标识向量，表示模拟系统的初始状态；$\Omega = (\omega_1, \omega_2, \cdots, \omega_n)^{\text{T}}$ 为库所权值 n 维向量，表示输入库所 p 对变迁规则 t 的影响；$\alpha = (\alpha_1, \alpha_2, \cdots, \alpha_n)^{\text{T}}$ 为故障事件置信度 n 维向量；$f = \{f_1, f_2, \cdots, f_n\}$ 为库所事件模糊故障率的集合，f_i 表示 CFFPN 模型中对应库所 p_i 的模糊故障率的集合；$H = (\lambda_1, \lambda_2, \cdots, \lambda_m)^{\text{T}}$ 为变迁规则阈值 m 维向量，元素 λ_j 为变迁规则 t_j 点火的阈值，其中 $\lambda_j \in [0, 1]$，$j = 1, 2, \cdots, m$；$U = \text{diag}(\mu_1, \mu_2, \cdots, \mu_m)$ 为变迁规则可信度矩阵，元素 μ_j 为变迁规则 t_j 的阈值，$\mu_j \in [0, 1]$，$j = 1, 2, \cdots, m$。CFFPN 模型的图形化表示见图 5.2。

　　如图 5.2 所示，Petri 网的基本元素是库所、变迁以及 token，其中，库所和变迁之间用有向弧连接。库所描述系统的故障模式，在 Petri 图中用圆形表示；变迁描述故障模式的变化，是状态变量，在 Petri 图中用矩形表示；token 描述故障事件的置信度等级，token 的流动代表故障的传递，在 Petri 图中用黑点表示。

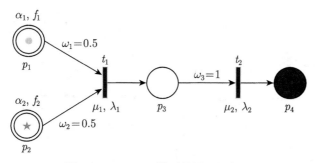

图 5.2　CFFPN 模型的图形化表示

5.1.3　CFFPN 模型建模方法

由于现代设备系统集成度高, 系统复杂程度普遍增大, 故障与征兆之间不再是一一对应关系, 往往存在着多重映射关系, 因此, 故障传播模式也呈现出多样性和复杂性的特点, 常见的传播方式有 "一因一果"、"多因一果"、"一因多果"、"多因多果" 和 "竞争"[128] 等形式。飞机系统是由多个子系统相互耦合而成, 结构复杂, 因此其故障具有大量不可预测的不确定信息, 如故障的模糊性、突发性、层次性及传播性等特点, 以致飞机系统的故障诊断存在困难。将模糊产生式规则与 CFFPN 模型结合起来用于故障诊断知识的表达, 可以更加全面准确地表达故障诊断信息。

在 CFFPN 模型中采用 MYCIN 置信度规则 [117], 即模糊 "合" 取和 "析" 取产生式规则。其主要内容为: 系统中模糊 "合" 取式中的置信度, 取各子式置信度的最小值; 模糊 "析" 取式中的置信度, 取各子式置信度的最大值。以故障传播模式的一般形式 (多因多果和竞争模式) 来描述 CFFPN 模型演绎的规则及模糊信息的表达。

(1) 多因多果模式, 表示某一个子系统其下层各个故障事件同时发生, 会引起上层多种故障模式的同时发生, 如图 5.3(a) 所示。产生式规则为 IFp_{I1} AND p_{I2} AND $\cdots$ AND p_{In}, THEN p_{O1} AND p_{O2} AND $\cdots$ AND p_{Ok}, $CF = u_i$。则 $p_{O1}, p_{O2}, \cdots, p_{Ok}$ 的置信度为 $\alpha_{O1} = \alpha_{O2} = \cdots \alpha_{Ok} = \min\{\alpha_{I1}, \alpha_{I2}, \cdots, \alpha_{In}\} u_i$, 其标识 M 的演绎规则是: $m_{O1} = m_{O2} = \cdots m_{Ok} = \prod_{j=1}^{n}(m_{Ij})$。

(2) 竞争模式, 表示某一个子系统其下层各个故障事件的任何一个单独发生, 均会导致上层故障模式的发生, 如图 5.3(b) 所示。产生式规则为 IFp_1 OR p_2 OR $\cdots$ OR p_n, THEN p_k, $CF = \{u_1, u_2, \cdots, u_k\}$。则 p_k 的置信度为 $\alpha_k = \max\{\alpha_1 u_1, \alpha_2 u_2, \cdots, \alpha_n u_n\}$, 其标识 M 的演绎规则是: $m_k = \sum_{i=1}^{n}(m_i)$。

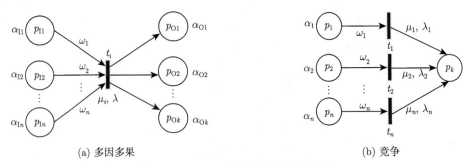

(a) 多因多果   (b) 竞争

图 5.3   CFFPN 模型的故障传播模式

为了更加清晰、有效地表达故障传播特性及故障模糊信息，引入 token 染色规则、库所染色规则和变迁染色规则，具体规则如下。

1) token 染色规则

token 染色规则见表 5.1。

表 5.1   token 染色规则

置信度等级	取值范围	染色标识	代表颜色
一级	0.95~1.00	★	红
二级	0.90~0.95	●	橙
三级	0.85~0.90	■	黄
四级	0.70~0.85	▲	绿
五级	0.50~0.70	◆	蓝
六级	0.00~0.50	▼	紫

2) 库所染色规则

故障根本原因 (故障征兆)，用 "◎" 表示该库所的状态。例如，是否含有 token，即是否发现故障征兆，由在线监测设备或专业人员知识获得，如图 5.2 中的 p_1 和 p_2。

故障中间原因，用 "○" 表示该库所的状态，如图 5.2 中的 p_3。

故障最终状态，表示系统分析中所关心的结果状态，用 "●" 表示该库所的状态，如图 5.2 中的 p_4。

3) 变迁染色规则

对于任意的变迁 t 来说，若其所有输入库所的标记值与相应的输入弧上的权值乘积之和大于等于变迁的阈值，且每个输入库所必须含有一个 token，则称该变迁是使能的。本书用 "▮" 表示未点火变迁，用 "▮" 已点火变迁。注：变迁点火是在 CFFPN 模型建立后进行故障传播和故障诊断判断时的点火判断。

综合上述规则定义，基于 CFFPN 模型的故障建模流程图 (图 5.4)，首先根据第 2 章对飞机系统的结构分析和功能故障之间的逻辑描述，结合本章的模糊产生式规则，得出相应故障事件之间的逻辑关系，然后依照提出的建模染色规则建立相应的 CFFPN 模型。

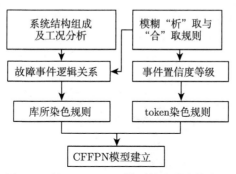

图 5.4　基于 CFFPN 模型的故障建模流程

5.2　基于 CFFPN 模型的故障诊断推理

充分利用 Petri 网的并行计算和矩阵运算能力，并根据 Petri 网的可达性进行正反推理[145]。其中正向推理主要是根据测试、历史经验或专家知识来预测可能出现的故障征兆信息，寻求可能出现的故障信息，用于监测故障信息比较完备的在线故障诊断问题；逆向推理则是根据已经发生的故障现象寻找导致此故障的根本原因，需进行模糊推理，用于监测故障信息不太充分的离线故障诊断。基于 CFFPN 模型的正反推理算法如图 5.5 所示。

在故障模型推理算法前，为了更好地表示各矩阵推理运算，引入算法中要用到的算子[146]，定义如下。

(1) 取大算子 $\oplus$：$C = A \oplus B$，A、B 和 C 均为 $m \times n$ 矩阵，则 $c_{ij} = \max(a_{ij}, b_{ij})$，其中，$i = 1, 2, \cdots, m$，$j = 1, 2, \cdots, n$。

(2) 取小算子 $\wedge$：$C = A \wedge B$，A、B 和 C 均为 $m \times n$ 矩阵，则 $c_{ij} = \min(a_{ij}, b_{ij})$，其中，$i = 1, 2, \cdots, m$，$j = 1, 2, \cdots, n$。

(3) 乘法算子 $\otimes$：$C = A \otimes B$，A、B 和 C 分别为 $m \times q$、$q \times n$、$m \times n$ 矩阵，则 $c_{ij} = \max\limits_{1 \leqslant k \leqslant q}(a_{ik} \cdot b_{kj})$，其中，$i = 1, 2, \cdots, m$，$j = 1, 2, \cdots, n$。

(4) 直乘算子 $*$：$C = A * b$，A 和 C 分别为 $m \times n$、$n \times m$ 矩阵，b 为 n 维向量，则 $c_{ji} = a_{ij} \cdot b_j$，其中，$i = 1, 2, \cdots, m$，$j = 1, 2, \cdots, n$。

(5) 乘积算子 $\odot$：$c = A \odot b$，A 为 $m \times n$ 矩阵，b 和 c 分别为 n、m 维向量，则 $c_i = \prod\limits_{j=1}^{n}(a_{ij} \cdot b_j)$ 且 $a_{ij} \cdot b_j \neq 0$，其中，$i = 1, 2, \cdots, m$，$j = 1, 2, \cdots, n$。

(6) 取整乘法算子 ∘：$C = A \circ B$，A、B 和 C 分别为 $m \times q$、$q \times n$、$m \times n$ 矩阵，则 $c_{ij} = \text{int}(\sum\limits_{k=1}^{q} a_{ik} \cdot b_{kj})$，其中，$i = 1, 2, \cdots, m$，$j = 1, 2, \cdots, n$。

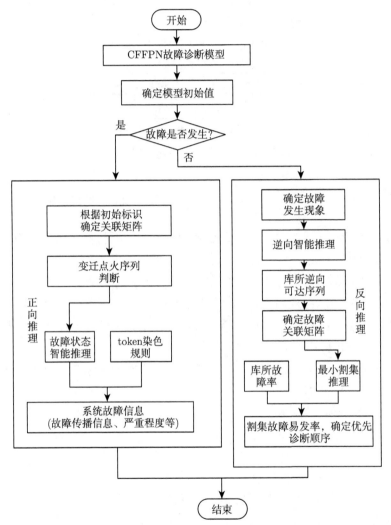

图 5.5　CFFPN 模型正反推理算法流程图

5.2.1　基于 CFFPN 模型的正向推理算法

　　CFFPN 模型的正向推理通过测试或专家知识得到可能出现的故障征兆信息，预测可能发生的故障，反映了故障传播的特性。推理过程主要包括置信度推理、变迁点火的智能判断推理以及故障传播状态推理。先通过变迁点火判别矩阵得到变迁点火序列, 再利用故障状态标识公式得到故障引发路径和故障严重程度, 从而实现故障预测, 减少系统故障发生。

1. MYCIN 置信度矩阵推理

由于 MYCIN 置信度[145]推理方法具有并行性良好的特点, 可以推得全部库所的全部状态值。故障事件 $p_i(i = 1, 2, \cdots, n)$ 置信度公式为

$$\alpha_{k+1} = \alpha_k \oplus \left[(OU) \otimes \left(\overline{I^{T\overline{\alpha_k}}}(\cdot) \right) [\cdot] \right] \tag{5.7}$$

其中, $\overline{\alpha_k} = l_n - \alpha_k$, $l_n = (1, 1, \cdots, 1)^{\mathrm{T}}$ 为 n 维向量; $\overline{\alpha_k}$ 为故障事件 p_i 在第 k 次推理时为假的置信度; $I^{T\overline{\alpha_k}}$ 为变迁规则 t_j 在第 k 次推理时为真的可信度; $\overline{I^{T\overline{\alpha_k}}}$ 为变迁规则 t_j 在第 k 次推理时为假的可信度。

具体推理算法步骤如下。

步骤 1: 令 $k = 0$;

步骤 2: 根据 α_k 推得 α_{k+1};

步骤 3: 若 $\alpha_{k+1} = \alpha_k$, 则跳到步骤 4, 否则令 $k = k + 1$, 返回步骤 2;

步骤 4: 推理结束。

2. 变迁点火判别矩阵推理

根据变迁点火规则, 当变迁 t_j 为预使能的, $U(t_j)$ 为变迁预使能矢量值, 公式为

$$U(t_j) = \frac{1}{1 + \mathrm{e}^{-b\left[\sum\limits_{k=1}^{n} \alpha(p_k) \cdot \omega_k \cdot \mu(t_j) - \lambda(t_j) \right]}}, \quad j = 1, 2, \cdots, m \tag{5.8}$$

若变迁达到点火条件 (具体详见 5.3.1 节) , $U(t_j) = 1$, 否则 $U(t_j) = 0$。由式 (5.8) 可得变迁预使能点火序列为

$$U(t) = (U(t_1), U(t_2), \cdots, U(t_m))^{\mathrm{T}} \tag{5.9}$$

根据 CFFPN 点火规则, 得到含有 token 的库所变迁使能点火推导公式:

$$\begin{cases} I_k = I^{\mathrm{T}} * M_{k-1} & k = 1 \\ I_k = I^{\mathrm{T}} * (M_{k-1} - M_{k-2}) & k = 2, 3, \cdots \\ U_k = U(t) \wedge \left((I_k \wedge l_{n \times m})^{\mathrm{T}} \circ \Omega \right) & k = 1, 2, 3, \cdots \end{cases} \tag{5.10}$$

其中, $M_{k-1} - M_{k-2}$ 表示第 $k - 1$ 次点火新生的标识向量, 即故障事件 p_i 的故障发生状态; I_k 表示第 k 次点火的使能输入矩阵; U_k 表示第 k 次点火的变迁序列, 表示各个变迁的状态触发情况。

3. 故障传播状态矩阵推理

CFFPN 模型的故障传播特性主要是通过 token 的流动反映的, 本章引用文献 [146] 的推导公式:

$$M_k = M_{k-1} + O\left[\left(I_k^{\mathrm{T}} \odot M_{k-1}\right)^{\mathrm{T}} * U_k\right], k = 1, 2, 3, \cdots \tag{5.11}$$

其中, M_{k-1} 和 M_k 分别表示第 k 次点火初始和结果标识向量; $I_k^{\mathrm{T}} \odot M_{k-1}$ 表示变迁的标识向量 (即 token 数目)。

5.2.2　基于 CFFPN 模型的逆向推理算法

CFFPN 的逆向推理是发生故障现象时, 寻找导致此故障的故障源。本章采用最小割集 [226] 理论辅助故障诊断, 若存在多个最小割集, 则根据最小割集故障易发率确定优先诊断顺序。

1. 逆向推理

CFFPN 逆向模型的输入、输出库所分别是 CFFPN 的正向输出、输入库所, 即 $I^- = O$, $O^- = I$。在文献 [146] 的矩阵推理上, 改进逆向传播推理矩阵为

$$\begin{cases} I_k^- = \left(I^-\right)^{\mathrm{T}} * M_{k-1}^- \\ U_k^- = U^- \wedge \left(\left(I_k^-\right)^{\mathrm{T}} \otimes l_n\right), & k = 1, 2, 3, \cdots \\ M_k^- = O^- \otimes U_k^- \end{cases} \tag{5.12}$$

其中, M_{k-1}^- 和 M_k^- 分别表示第 k 次逆向点火初始和结果标识向量; I_k^- 表示第 k 次逆向点火的使能输入矩阵; U_k^- 表示第 k 次逆向点火变迁序列 (即各个变迁第 k 次逆向点火触发情况), U^- 表示变迁预使能逆向点火序列。

2. 最小割集推理

在故障诊断分析过程中, 采用传统的故障 Petri 网 (FPN) 和传统的故障树 (FTA) 两种方法进行诊断推理时, 分别是根据故障事件的置信度等级和故障率大小进行排序, 以此作为参考确定优先诊断顺序。但当两种方法之间顺序结果冲突时, 容易出现决策矛盾。因此引入故障易发率来进行诊断推理。

故障易发率的定义是故障事件的事件故障率和置信度的乘积, 其计算公式为

$$d(p_i) = \alpha(p_i) \cdot f(p_i), \quad p_i \in P \tag{5.13}$$

采用 5.1.1 节中第 3 小节中 Petri 网常用的分析方法——关联矩阵法来寻求最小割集。关联矩阵是用来描述节点、回路、割集与支路之间关系的矩阵, 在本书

中，为了更加清晰地描述 Petri 网的拓扑结构，其支路与节点的关联性质用 $n \times m$ 阶矩阵 A 表示，其中的元素 a_{ij} 定义如下：

$$a_{ij} = \begin{cases} -1, & p_i \in I(t) \\ 1, & p_i \in O(t) \\ 0, & \text{其他} \end{cases} \tag{5.14}$$

其中，$i = 1, 2, \cdots, n$；$j = 1, 2, \cdots, m$。

CFFPN 模型中，使用已发故障关联矩阵来描述导致这一故障现象发生的 Petri 网拓扑结构，已发故障关联矩阵 A^* 为

$$A^* = A * (U_1^- \oplus U_2^- \oplus \cdots \oplus U_k^-) * (M_0^- \oplus M_1^- \oplus \cdots \oplus M_k^-) \tag{5.15}$$

本章逆向推理通过关联矩阵寻找任意故障现象的可能故障源，得到导致这一故障现象的 k 个最小割集 $G_1, G_2, \cdots, G_k, (k < n)$。在传统的 FPN 推理诊断中，诊断顺序取决于置信度的高低；在传统的 FTA 故障树分析中，诊断顺序取决于故障率的大小。然而当这两种方法推得诊断顺序矛盾时，容易引发决策错误。为此根据最小割集易发率 $d(G)$ 的大小进行判别优先诊断顺序，最小割集故障易发率表示公式为

$$d(G) = \prod_{k=1}^{i} d(p_i) \tag{5.16}$$

其中，$G = \{p_1, p_2, \cdots, p_i\} \, (i < n)$。

5.3 故障诊断过程 CFFPN 模型参数优化

前面研究了如何利用扩展染色模糊故障 Petri 网 (CFFPN) 对飞机系统进行建模，并通过正反推理算法进行故障诊断。然而，CFFPN 模型中模糊式产生规则的参数都是依据历史数据或专家经验得出来的，这将使得 CFFPN 模型在诊断过程中得到的结果不够精确，大大降低了 CFFPN 模型的自学习能力，限制了 Petri 网模型在各个领域的应用 [227]。针对此问题，本章将神经网络中的 BP 误差反传算法 [228] 引入到 Petri 网的参数寻优过程，通过优化摆脱参数对经验的依赖，使模型参数更能符合实际系统的需求，进一步增强 CFFPN 的泛化能力和自适应能力。

5.3.1 CFFPN 模型模糊推理函数建立

针对 5.1.2 节中 CFFPN 模型对库所和变迁的描述，本章将模糊"合"取和"析"取产生式规则与 CFFPN 结合用于故障诊断知识的表达。而产生式规则类

似于因果关系知识表达，它通过变迁是否点火来判断故障的发生状态，是一种直观自然的推理方法。为了方便参数训练以及模糊推理的结果可以求导，本章引入 Sigmoid 连续函数 [228]，将判定变迁是否使能转化成判定连续自变量是否满足一定要求，从而建立 CFFPN 模型的模糊推理函数。

1. 变迁点火连续函数的建立

设 $f(x) = \dfrac{1}{1 + e^{-b(x-a)}}$ 是一个 S 型激活函数 (logsig)，其中 b 为常量。该函数性质如下：当 b 为一个无穷大的值，若 $x > a$，则 $f(x) \to 1$；若 $x < a$，则 $f(x) \to 0$。因此，该连续函数 $f(x)$ 可以作为 CFFPN 模型中变迁是否使能的判断标准。

对于模糊"合"取产生式规则对应的 CFFPN 模型，设自变量 $x = \sum\limits_{k=1}^{n} M(p_k) \omega_k$，$a = \lambda_j$。根据上述 S 型激活函数性质，可建立 CFFPN 模型的变迁使能判断标准：若 $x > a$，表示变迁使能；若 $x < a$，表示变迁未使能。

由此建立的变迁点火连续函数为

$$F = f(x) \sum_{k=1}^{n} M(p_k) \omega_k \lambda_j \tag{5.17}$$

其中，$M(p_k)$ 为库所 p_k 的隶属度。

同样，对于模糊"析"取产生式规则对应的 CFFPN 模型可以建立最大运算连续函数。

2. 最大运算连续函数的建立

设 $f(x) = \dfrac{1}{1 + e^{-b(x-a)}}$，其中 x_1，x_2，x_3 为变迁使能输出，当 b 足够大时，显然有

$$g = \max(x_1, x_2) \approx \frac{x_1}{1 + e^{-b(x_1 - x_2)}} + \frac{x_2}{1 + e^{-b(x_2 - x_1)}}$$

$$h = \max(x_1, x_2, x_3) \approx \frac{g}{1 + e^{-b(g - x_3)}} + \frac{x_3}{1 + e^{-b(x_3 - g)}}$$

以此类推，当有多个变迁使能输出时，利用最大运算函数可得出输出库所 p_k 总存在一个最大模糊函数值。

5.3.2　基于 BP 误差算法的 CFFPN 模型参数优化

目前对 Petri 网模型进行参数优化的方法主要有粒子群优化 (PSO)、遗传算法 (GA)、蚁群算法 (ant colony algorithm，ACA) 和 BP 算法 [228]。这几种算法

有的运行快但优化结果不理想,有的优化精度高但运行速度较慢。如何寻求优化精度和训练速度中间的一个平衡点,一直是该领域研究的重点。考虑到 BP 误差反传算法的自学习和自适应能力较强,将其应用在 CFFPN 模型中,将 CFFPN 模型中的权值、变迁规则、可信度和变迁阈值通过误差反传的方式进行参数调整,使参数取值更加逼近实际值,提高故障诊断的精度。

1. BP 误差反传算法

利用 CFFPN 模型对样本数据进行参数优化时,库所的实际值和期望值之间存在的误差可用下面的函数表示:

$$E_s = \frac{1}{2} \sum_{k=1}^{b} \left\{ \left[M\left(p_k\right)^s - M'\left(p_k\right)^s \right]^2 \right\} \tag{5.18}$$

其中,s 为样本数;$k = 1, 2, \cdots, b$,有 b 个终止库所 p_k;$M\left(p_k\right)^s$ 和 $M'\left(p_k\right)^s$ 分别为终止库所 p_k 在样本 s 作用下的实际值和期望值输出。

CFFPN 模型运用误差反传算法进行调整,从而使 Petri 网收敛。模型按照式 (5.18) 的误差函数计算各参数的一阶梯度,每个变迁的参数调整学习过程可定义为

(1) 权重系数 ω_k:

$$\omega_k^h\left(q+1\right) = \omega_k^h\left(q\right) - \eta \frac{\partial E_s}{\partial \omega_k^h} \tag{5.19}$$

(2) 变迁可信度 μ_j:

$$\mu_j^h\left(q+1\right) = \mu_j^h\left(q\right) - \eta \frac{\partial E_s}{\partial \mu_j^h} \tag{5.20}$$

(3) 变迁阈值 λ_j:

$$\lambda_j^h\left(q+1\right) = \lambda_j^h\left(q\right) - \eta \frac{\partial E_s}{\partial \lambda_j^h} \tag{5.21}$$

其中,q 为学习次数;h 为 CFFPN 模型的层次;$\omega_k^h\left(q\right)$ 为第 q 次参数学习后第 h 层对应变迁 t_j 的输入库所 p_k 的权重系数,且 $\sum_{k=1}^{n} \omega_k^h\left(q+1\right) = 1$,其他参数含义类似。

2. 调整学习率

在 CFFPN 模型参数优化过程中,采用标准的 BP 算法主要存在的缺陷是训练次数多使得学习效率降低,收敛速度变慢。因此,在学习的过程中可以通过增

加动量、引入陡度因子和自适应调整学习率进行改进。本章引入自适应调整学习率 [228] 的方法来增强算法的鲁棒性，则动态调整学习率表达式为

$$\eta(q) = \frac{\eta_0}{1 - \text{SE}_s(q)} \tag{5.22}$$

其中，η_0 为初始学习率；$\text{SE}_s(q)$ 为第 q 次学习后终止库所的误差和。

在 CFFPN 模型优化过程中，η 太小虽然可以避免振荡，但是训练次数变多，因此希望增大 η 值，但 η 值变大后会使训练不稳定，反而增加迭代次数。为解决这个问题，可以通过增加动量项。因此，在参数调整学习过程加入动量项可调整为

(1) 权重系数 ω_k：

$$\omega_k^h(q+1) = \omega_k^h(q) - \eta \frac{\partial E_s}{\partial \omega_k^h} + \xi \omega_k^h(q) \tag{5.23}$$

(2) 变迁可信度 μ_j：

$$\mu_j^h(q+1) = \mu_j^h(q) - \eta \frac{\partial E_s}{\partial \mu_j^h} + \xi \mu_j^h(q) \tag{5.24}$$

(3) 变迁阈值 λ_j：

$$\lambda_j^h(q+1) = \lambda_j^h(q) - \eta \frac{\partial E_s}{\partial \lambda_j^h} + \xi \lambda_j^h(q) \tag{5.25}$$

其中，ξ 为调节因子，且 $\xi \in (0,1)$。

3. CFFPN 模型的学习和训练算法步骤

基于上述分析，结合 CFFPN 模型的推理过程给出其基于 BP 误差算法的学习和训练步骤。

步骤 1：根据给定的 CFFPN 模型对需要优化的权重系数、变迁可信度和变迁阈值赋予初始值，确定预期值，预处理 r 批样本数据，令 $q = 0$。

步骤 2：选取 r 批样本数据，运用式 (5.17) 依次触发所有变迁。

步骤 3：根据模糊推理结果，运用式 (5.19) 计算样本的误差函数 E。若 E 的取值小于预期值，则算法结束，否则进行下一步。

步骤 4：根据误差反传算法和式 (5.23)~ 式 (5.25) 不断调整参数，令 $q = q+1$，返回步骤 2 重新运算。

步骤 5：获取各参数优化后的值、总误差函数值以及学习次数，算法结束。

具体学习和训练流程如图 5.6 所示。

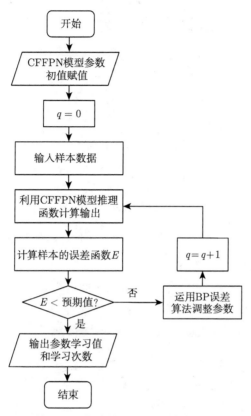

图 5.6　基于 BP 算法的 CFFPN 模型参数优化流程

5.4　实　　例

5.4.1　某型飞机气源系统 CFFPN 模型建立

在第 2 章对气源系统的故障传播机理分析的基础上，根据 CFFPN 的建模方法，建立某型气源系统各个子系统的 CFFPN 故障模型。根据分析结果，本章只针对故障频发的 APU 引气、发动机引气、地面气源引气和交输引气活门引气子系统建立其相应的 CFFPN 故障模型，进行针对性的故障分析，从而提高系统可靠性。

1) APU 引气系统 CFFPN 模型

APU 引气系统子系统由 APU 加载控制活门 (APULCV，属动力装置专业)、APU 引气单向活门 (APUCKV) 及引气管路组成，CFFPN 图如图 5.7 所示。

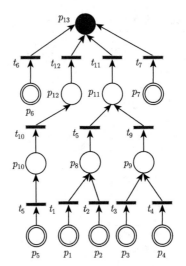

图 5.7　APU 引气系统 CFFPN 图

2) 发动机引气系统 CFFPN 模型

发动机引气系统由 5 级引气、9 级引气、调节关断活门、预冷器、风扇空气活门、引气温度传感器及引气管路等组成，CFFPN 图如图 5.8 所示。

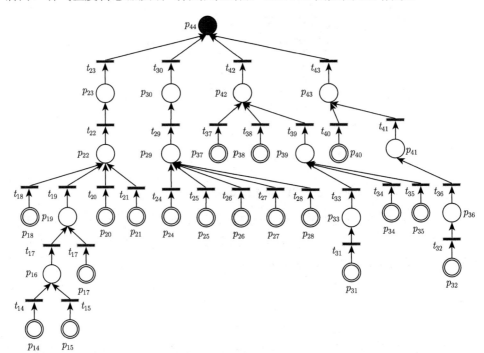

图 5.8　发动机引气系统 CFFPN 图

3) 地面气源引气系统 CFFPN 模型

地面气源经高压地面接口 (HPGC) 及发动机启动管路供入发动机启动器，主要由高压地面接口、内置的单向活门和地面引气管路等组成，CFFPN 图如图 5.9所示。

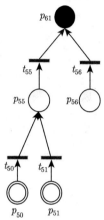

图 5.9 地面气源引气系统 CFFPN 图

4) 交输引气活门引气 CFFPN 模型

交输引气活门 (CBV) 是一个电控关断活门，由综合空气系统控制器 (IASC)控制关闭状态。当 APU 作为气源给左发动机启动时，交输引气活门 (CBV) 关闭，用于隔断左右发动机引气。当 APU 作为气源给两侧空调系统供气时，交输引气活门 (CBV) 打开，用于连接两侧引气分配管路，CFFPN 图如图 5.10 所示。

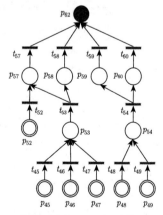

图 5.10 交输引气活门引气系统 CFFPN 图

利用 Petri 网的拓扑结构及可达性可以清晰地表达以上整个分系统 CFFPN模型中的故障传播模式。CFFPN 模型中用 "◎" 表示底层故障，用 "○" 表示端点故障，用 "●" 表示该系统故障，使得工程技术人员能够一目了然。整个气源气源系统的 CFFPN 图如图 5.11 所示。库所对应故障事件列表详见表 5.2。

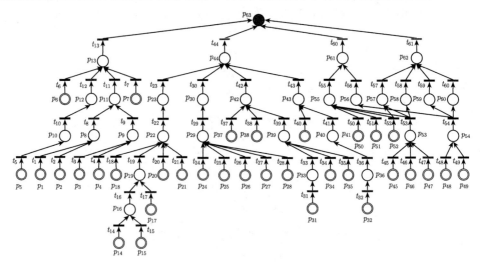

图 5.11　某型民机气源系统 CFFPN 图

表 5.2　CFFPN 模型库所对应故障事件表

代号	故障事件	代号	故障事件	代号	故障事件
p_1	APULCV 开度偏小	p_{22}	PRSOV 出口压力偏高	p_{43}	发动机引气低温
p_2	APULCV 关位失效	p_{23}	发动机引气超压	p_{44}	发动机引气子系统引气故障
p_3	APU 下游 AMS 引气管路焊缝破裂	p_{24}	PROSV 关位失效	p_{45}	控制面板 "ISOL AUTO" 旋钮到 IASC 断路
p_4	HPGCV 开位失效	p_{25}	IASC 到 PROSV 断路	p_{46}	IASC 到交通引气活门断路
p_5	APULCV 开度偏大	p_{26}	PROSV 下游导管焊缝破	p_{47}	控制面板 "ISOL OPEN" 旋钮到 IASC 断路
p_6	APU 引气超温	p_{27}	HPV 关位失效	p_{48}	控制面板 "ISOL CLS" 旋钮到 IASC
p_7	APU 引气低温	p_{28}	IASC 到 HPV 断路	p_{49}	CBV 开位失效
p_8	APUCKV 卡在关位	p_{29}	PRSOV 出口压力偏低	p_{50}	HPGCV2 活门在关位失效
p_9	引气泄漏	p_{30}	发动机引气低压	p_{51}	HPGC 接头破损
p_{10}	APUCKV 卡在开位	p_{31}	FAV 继电器不能吸合	p_{52}	CBV 关位失效
p_{11}	APU 引气低压	p_{32}	FAV 继电器不能释放	p_{53}	CBV 开关输出偏小
p_{12}	APU 引气超压	p_{33}	FAV 关位失效或卡在近关位置	p_{54}	CBV 开关输出偏大
p_{13}	APU 引气子系统故障	p_{34}	PCE 内部泄漏	p_{55}	地面引气低压
p_{14}	HPV-PRV 导管焊缝破，泄漏	p_{35}	PCE 效率降低	p_{56}	地面引气超压
p_{15}	IPVC 开位失效或引气大量泄漏	p_{36}	FAV 开位失效或卡在近开位置	p_{57}	自动模式失效，CBV 在关位
p_{16}	高压机出口压力偏低	p_{37}	IASC 到 FAV 断路	p_{58}	手动模式失效，CBV 在关位
p_{17}	关位失效	p_{38}	BTS 测试信息偏大	p_{59}	自动模式失效，CBV 在开位
p_{18}	PROSV 开位失效	p_{39}	PCE 热边出口温度超温	p_{60}	手动模式失效，CBV 在开位
p_{19}	PRSOV 入口压力偏低	p_{40}	BTS 测试信息偏小	p_{61}	地面高压引气子系统故障
p_{20}	PROSV 内部泄漏	p_{41}	PCE 热边出口温度偏低	p_{62}	CBV 故障
p_{21}	HPV 开位失效	p_{42}	发动机引气超温	p_{63}	气源系统 BAS 故障

5.4.2　确定初始值

初始值的确定主要根据专家知识库以及历史数据，结合模糊产生式规则，设定初值如下：

底层故障置信度 $\alpha_1 = 0.95$，$\alpha_2 = 0.9$，$\alpha_3 = 0.7$，$\alpha_4 = 0.86$，$\alpha_5 = 0.95$，$\alpha_6 = 0.82$，$\alpha_7 = 0.8$；

库所事件的权值 $\Omega = (1,1,1,1,1,1,1,1,1,1,1,1,0)^{\mathrm{T}}$；

变迁阈值 $H = (0.5, 0.5, 0.5, 0.5, 0.5, 0.5, 0.5, 0.5, 0.5, 0.5, 0.5, 0.5)^{\mathrm{T}}$；

变迁规则可信度 $U = \mathrm{diag}(0.9, 0.8, 0.75, 0.8, 0.85, 0.7, 0.85, 0.9, 0.95, 0.9, 0.8, 0.9)$。

可靠性分析中，通过经验、手册或者专家置评获得底事件模糊故障率为 $f_1 = 0.240 \times 10^{-5}$，$f_2 = 0.285 \times 10^{-5}$，$f_3 = 8.465 \times 10^{-4}$，$f_4 = 2.5 \times 10^{-5}$，$f_5 = 0.245 \times 10^{-5}$，$f_6 = 1.2010 \times 10^{-4}$，$f_7 = 1.3520 \times 10^{-4}$。

5.4.3　APU 引气系统正向推理

气源系统的 APU 引气系统工作时，未发生故障，但通过对测试槽检测时，预测有以下故障征兆：APU 引气超温、APULCV 开度偏小、APULCV 关位失效和 HPGCV 开位失效。根据 token 染色规则，在 CFFPN 模型中生成库所初始标识如图 5.12 所示。其系统初始状态标识向量和初始置信度如下：

$$M_0 = (0, 1, 0, 1, 1, 1, 0, 0, 0, 0, 0, 0, 0)^{\mathrm{T}}$$
$$\alpha_0 = (0.95, 0.9, 0.7, 0.86, 0.95, 0.82, 0.8, 0, 0, 0, 0, 0, 0)^{\mathrm{T}}$$

根据图 5.12 的 APU 引气 CFFPN 模型的拓扑结构，可得知该气源系统 APU 引气系统的故障模型输入输出矩阵如下：

$$I = \begin{bmatrix} 1 & 0 & 0 & 0 & 0 & 0 & 0 & 0 & 0 & 0 & 0 & 0 \\ 0 & 1 & 0 & 0 & 0 & 0 & 0 & 0 & 0 & 0 & 0 & 0 \\ 0 & 0 & 1 & 0 & 0 & 0 & 0 & 0 & 0 & 0 & 0 & 0 \\ 0 & 0 & 0 & 1 & 0 & 0 & 0 & 0 & 0 & 0 & 0 & 0 \\ 0 & 0 & 0 & 0 & 1 & 0 & 0 & 0 & 0 & 0 & 0 & 0 \\ 0 & 0 & 0 & 0 & 0 & 1 & 0 & 0 & 0 & 0 & 0 & 0 \\ 0 & 0 & 0 & 0 & 0 & 0 & 1 & 0 & 0 & 0 & 0 & 0 \\ 0 & 0 & 0 & 0 & 0 & 0 & 0 & 1 & 0 & 0 & 0 & 0 \\ 0 & 0 & 0 & 0 & 0 & 0 & 0 & 0 & 1 & 0 & 0 & 0 \\ 0 & 0 & 0 & 0 & 0 & 0 & 0 & 0 & 0 & 1 & 0 & 0 \\ 0 & 0 & 0 & 0 & 0 & 0 & 0 & 0 & 0 & 0 & 1 & 0 \\ 0 & 0 & 0 & 0 & 0 & 0 & 0 & 0 & 0 & 0 & 0 & 1 \\ 0 & 0 & 0 & 0 & 0 & 0 & 0 & 0 & 0 & 0 & 0 & 0 \end{bmatrix}$$

$$O = \begin{bmatrix} 0 & 0 & 0 & 0 & 0 & 0 & 0 & 0 & 0 & 0 & 0 & 0 \\ 0 & 0 & 0 & 0 & 0 & 0 & 0 & 0 & 0 & 0 & 0 & 0 \\ 0 & 0 & 0 & 0 & 0 & 0 & 0 & 0 & 0 & 0 & 0 & 0 \\ 0 & 0 & 0 & 0 & 0 & 0 & 0 & 0 & 0 & 0 & 0 & 0 \\ 0 & 0 & 0 & 0 & 0 & 0 & 0 & 0 & 0 & 0 & 0 & 0 \\ 0 & 0 & 0 & 0 & 0 & 0 & 0 & 0 & 0 & 0 & 0 & 0 \\ 0 & 0 & 0 & 0 & 0 & 0 & 0 & 0 & 0 & 0 & 0 & 0 \\ 1 & 1 & 0 & 0 & 0 & 0 & 0 & 0 & 0 & 0 & 0 & 0 \\ 0 & 0 & 1 & 1 & 0 & 0 & 0 & 0 & 0 & 0 & 0 & 0 \\ 0 & 0 & 0 & 0 & 1 & 0 & 0 & 0 & 0 & 0 & 0 & 0 \\ 0 & 0 & 0 & 0 & 0 & 0 & 1 & 1 & 0 & 0 & 0 & 0 \\ 0 & 0 & 0 & 0 & 0 & 0 & 0 & 0 & 0 & 1 & 0 & 0 \\ 0 & 0 & 0 & 0 & 0 & 1 & 1 & 0 & 0 & 0 & 1 & 1 \end{bmatrix}$$

将 α_0，O，U，I 代入 5.2.1 节的式 (5.7) 求出，推理计算得到

$$\alpha_1 = (0.95, 0.9, 0.7, 0.86, 0.95, 0.82, 0.8, 0.8550, 0.6880, 0.8075, 0, 0, 0.68)^{\mathrm{T}}$$

$$\alpha_2 = (0.95, 0.9, 0.7, 0.86, 0.95, 0.82, 0.8, 0.8550, 0.6880, 0.8075, 0.7695, 0.7268, 0.68)^{\mathrm{T}}$$

$$\alpha_3 = (0.95, 0.9, 0.7, 0.86, 0.95, 0.82, 0.8, 0.8550, 0.6880, 0.8075, 0.7695, 0.7268, 0.68)^{\mathrm{T}}$$

$\alpha_3 = \alpha_2$，推理结束，从而获得各库所故障事件的置信度。

将 a_2、Ω、H、U 中相应元素代入式 (5.8) 和式 (5.9)，得到潜在变迁点火序列 $U = (1,1,1,1,1,1,1,1,0,1,1,1)^{\mathrm{T}}$，将此向量与 M_0、O、I、Ω 相应地代入式 (5.10) 和式 (5.11) 进行故障传播状态的推理，可得变迁点火序列和每次点火后的库所标识向量如下：

$$U_1 = (0,1,0,1,1,1,0,0,0,0,0,0)^{\mathrm{T}}, \qquad M_1 = (0,1,0,1,1,1,0,1,1,1,0,0,1)^{\mathrm{T}}$$

$$U_2 = (0,0,0,0,0,0,0,1,1,1,0,0)^{\mathrm{T}}, \qquad M_2 = (0,1,0,1,1,1,0,1,1,1,2,1,1)^{\mathrm{T}}$$

$$U_3 = (0,0,0,0,0,0,0,0,0,0,1,1)^{\mathrm{T}}, \qquad M_3 = (0,1,0,1,1,1,0,1,1,1,2,1,4)^{\mathrm{T}}$$

$$U_4 = (0,0,0,0,0,0,0,0,0,0,0,0)^{\mathrm{T}}, \qquad M_4 = (0,1,0,1,1,1,0,1,1,1,2,1,4)^{\mathrm{T}}$$

$$U_5 = (0,0,0,0,0,0,0,0,0,0,0,0)^{\mathrm{T}}$$

$U_5 = U_4$ 推理结束，模型库所最终标识向量为 M_4，其正向推理 token 结束状态如图 5.13 所示。从该模型中可以清晰看出 p_8、p_9、p_{10}、p_{11}、p_{12}、p_{13} 为故障征兆可能引发的故障。故障严重程度、引发路径及置信度等级如表 5.3 所示。工作人员可以根据故障预测信息，检查 APU 引气系统相应部件，进而提高气源系统的可靠性。

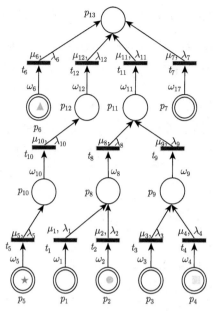

图 5.12 正向推理初始状态

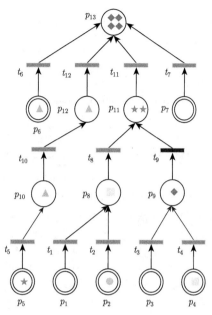

图 5.13 正向推理结束状态

表 5.3 正向推理故障传播状态信息

库所	p_8	p_9	p_{10}	p_{11}	p_{12}	p_{13}
严重程度	1	1	1	2	1	4
引发路径	$p_1 \to p_8$	$p_4 \to p_9$	$p_5 \to p_{10}$	$p_1 \to p_8 \to p_{11}$ $p_4 \to p_9 \to p_{11}$	$p_5 \to p_{10} \to p_{12}$	$p_1 \to p_8 \to p_{11} \to p_{13}$ $p_4 \to p_9 \to p_{11} \to p_{13}$ $p_5 \to p_{10} \to p_{12} \to p_{13}$ $p_6 \to p_{13}$
置信度等级	三级	五级	四级	一级	四级	五级

5.4.4 APU 引气系统逆向推理

当发现有故障现象发生时，以 APU 引气系统故障为例，可得 CFFPN 模型的初始状态如图 5.14 所示，其系统初始状态标识向量和初始置信度如下：

$$M_0^- = (0,0,0,0,0,0,0,0,0,0,0,0,1)^T$$
$$\alpha_0^- = (0.95, 0.9, 0.7, 0.86, 0.95, 0.82, 0.8, 0, 0, 0, 0, 0, 0)^T$$

根据式 (5.7)～式 (5.9)，同理推得：$\alpha_3^- = \alpha_2^- = (0.95, 0.9, 0.7, 0.86, 0.95, 0.82, 0.8,$ $0.8550, 0.6880, 0.8075, 0.7695, 0.7268, 0.68)^T$，$U^- = (1, 1, 1, 1, 1, 1, 1, 1, 1, 0, 1, 1, 1)^T$。

将 M_0^-、I、O、U^- 代入式 (5.12) 进行逆向推理，依次得到逆向变迁点火序列和每次逆向点火后的库所标识向量。

$$U_1^- = (0, 0, 0, 0, 0, 1, 1, 0, 0, 0, 1, 1)^T, \qquad M_1^- = (0, 0, 0, 0, 0, 1, 1, 0, 0, 0, 1, 1, 0)^T$$

$$U_2^- = (0,0,0,0,0,0,0,1,0,1,0,0)^{\mathrm{T}}, \qquad M_2^- = (0,0,0,0,0,0,0,0,1,0,1,0,0)^{\mathrm{T}}$$

$$U_3^- = (1,1,0,0,1,0,0,0,0,0,0,0)^{\mathrm{T}}, \qquad M_3^- = (1,1,0,0,1,0,0,0,0,0,0,0,0)^{\mathrm{T}}$$

$$U_4^- = (0,0,0,0,0,0,0,0,0,0,0,0)^{\mathrm{T}}, \qquad M_4^- = (0,0,0,0,0,0,0,0,0,0,0,0,0)^{\mathrm{T}}$$

$$U_5^- = (0,0,0,0,0,0,0,0,0,0,0,0)^{\mathrm{T}}$$

$U_5^- = U_4^-$ 推理结束，其逆向推理 token 结束状态如图 5.15 所示。从该模型中可以寻求故障源逆向可达过程为：$M_0^- \longrightarrow M_1^- \longrightarrow M_2^- \longrightarrow M_3^-$，即 $\{p_{13}\} \longrightarrow \{p_6, p_7, p_{11}, p_{12}\} \longrightarrow \{p_8, p_{10}\} \longrightarrow \{p_1, p_2, p_5\}$。

根据式 (5.14) 求得关联矩阵 A 如下，将 A 和上面推理得到的 U_1^-、U_2^-、U_3^-、M_0^-、M_1^-、M_2^-、M_3^- 代入式 (5.15)，求得已发故障关联矩阵 A^*：

$$A = \begin{bmatrix}
-1 & 0 & 0 & 0 & 0 & 0 & 0 & 0 & 0 & 0 & 0 & 0 \\
0 & -1 & 0 & 0 & 0 & 0 & 0 & 0 & 0 & 0 & 0 & 0 \\
0 & 0 & -1 & 0 & 0 & 0 & 0 & 0 & 0 & 0 & 0 & 0 \\
0 & 0 & 0 & -1 & 0 & 0 & 0 & 0 & 0 & 0 & 0 & 0 \\
0 & 0 & 0 & 0 & -1 & 0 & 0 & 0 & 0 & 0 & 0 & 0 \\
0 & 0 & 0 & 0 & 0 & -1 & 0 & 0 & 0 & 0 & 0 & 0 \\
0 & 0 & 0 & 0 & 0 & 0 & -1 & 0 & 0 & 0 & 0 & 0 \\
1 & 1 & 0 & 0 & 0 & 0 & 0 & -1 & 0 & 0 & 0 & 0 \\
0 & 0 & 1 & 1 & 0 & 0 & 0 & 0 & -1 & 0 & 0 & 0 \\
0 & 0 & 0 & 0 & 1 & 0 & 0 & 0 & 0 & -1 & 0 & 0 \\
0 & 0 & 0 & 0 & 0 & 0 & 0 & 1 & 1 & 0 & -1 & 0 \\
0 & 0 & 0 & 0 & 0 & 0 & 0 & 0 & 1 & 0 & 0 & -1 \\
0 & 0 & 0 & 0 & 0 & 1 & 1 & 0 & 0 & 0 & 1 & 1
\end{bmatrix}$$

$$A^* = \begin{bmatrix}
-1 & 0 & 0 & 0 & 0 & 0 & 0 & 0 & 0 & 0 & 0 & 0 \\
0 & -1 & 0 & 0 & 0 & 0 & 0 & 0 & 0 & 0 & 0 & 0 \\
0 & 0 & 0 & 0 & 0 & 0 & 0 & 0 & 0 & 0 & 0 & 0 \\
0 & 0 & 0 & 0 & 0 & 0 & 0 & 0 & 0 & 0 & 0 & 0 \\
0 & 0 & 0 & 0 & -1 & 0 & 0 & 0 & 0 & 0 & 0 & 0 \\
0 & 0 & 0 & 0 & 0 & -1 & 0 & 0 & 0 & 0 & 0 & 0 \\
0 & 0 & 0 & 0 & 0 & 0 & -1 & 0 & 0 & 0 & 0 & 0 \\
0 & 0 & 0 & 0 & 0 & 0 & 0 & 0 & 0 & 0 & 0 & 0 \\
0 & 0 & 0 & 0 & 0 & 0 & 0 & 0 & 0 & 0 & 0 & 0 \\
0 & 0 & 0 & 0 & 0 & 0 & 0 & 0 & 0 & 0 & 0 & 0 \\
0 & 0 & 0 & 0 & 0 & 0 & 0 & 1 & 0 & 0 & 0 & 0 \\
0 & 0 & 0 & 0 & 0 & 0 & 0 & 0 & 0 & 0 & -1 & -1 \\
0 & 0 & 0 & 0 & 0 & 1 & 1 & 0 & 0 & 0 & 1 & 1
\end{bmatrix}$$

采用 5.2.2 节第 2 小节的关联矩阵法寻求最小割集,得到引发 p_{13} 故障的最小割集为:$G_1 = \{p_1\}$,$G_2 = \{p_2\}$,$G_3 = \{p_5\}$,$G_4 = \{p_6\}$,$G_5 = \{p_7\}$。根据故障易发率定义,得到最小割集故障易发率:$d(G_1) = 0.228 \times 10^{-5}$,$d(G_2) = 0.2565 \times 10^{-5}$,$d(G_3) = 0.2328 \times 10^{-5}$,$d(G_4) = 0.9848 \times 10^{-4}$,$d(G_5) = 1.0816 \times 10^{-4}$。根据故障易发率大小,判断优先诊断顺序依次为 G_5、G_4、G_2、G_3 和 G_1。逆向推理可以为故障诊断提供依据,改变传统故障诊断过程的不确定性以及复杂性,提高了诊断效率。

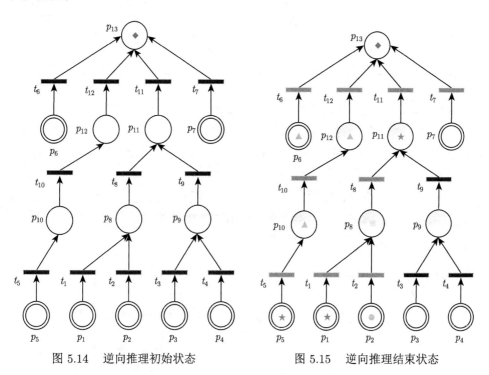

图 5.14 逆向推理初始状态　　　图 5.15 逆向推理结束状态

5.4.5 参数优化和性能评估

本章对 APU 引气系统的 CFFPN 模型进行参数优化分析,模型参数如图 5.12 所示,模型中的参数主要包括权重系数、变迁可信度和变迁阈值,模型初始值 (期望值) 参照 5.4.2 节。根据模型推理算法选取 100 个样本进行学习训练,推理函数中 $b = 10000$,初始学习率 $\eta = 0.1$,然后运用式 (5.22) 进行动态调整学习率;预期值 $\varepsilon = 0.6$。按照图 5.6 所示流程进行优化,经过 200 次迭代后三组参数的优化值如表 5.4 所示。均方误差 (MSE) 分别为 $\mathrm{MSE}(\omega) = 2.299 \times 10^{-3}$,$\mathrm{MSE}(\mu) = 0.123 \times 10^{-3}$,$\mathrm{MSE}(\lambda) = 4.4144 \times 10^{-3}$。样本总的误差函数 E 的值为 0.57,小于预期值,达到要求。

表 5.4　CFFPN 模型参数优化输出值

权重系数	实际输出	变迁可信度	实际输出	变迁阈值	实际输出
ω_1	0.9980	μ_1	0.8985	λ_1	0.5045
ω_2	0.9820	μ_2	0.8031	λ_2	0.4945
ω_3	0.9923	μ_3	0.7492	λ_3	0.4863
ω_4	0.9587	μ_4	0.7995	λ_4	0.5335
ω_5	0.9900	μ_5	0.8545	λ_5	0.4814
ω_6	1.0000	μ_6	0.7024	λ_6	0.5186
ω_7	0.9750	μ_7	0.8487	λ_7	0.5427
ω_8	0.9896	μ_8	0.9001	λ_8	0.5425
ω_9	0.9789	μ_9	0.9512	λ_9	0.5532
ω_{10}	0.9695	μ_{10}	0.9101	λ_{10}	0.4991
ω_{11}	0.9852	μ_{11}	0.8045	λ_{11}	0.5058
ω_{12}	0.9912	μ_{12}	0.9091	λ_{12}	0.4832

　　对于 CFFPN 模型而言，考虑到符合实际系统的需求，尽量摆脱参数对于经验和专家知识的依赖，这里参照 5.3 节给出的学习和训练步骤对算法进行性能评估，使得 CFFPN 模型具有较强的自适应和泛化能力，推理结果更加准确无误。本章选取 80 个训练样本进行学习和训练，采用 Matlab 工具实现，将库所的实际输出与其期望值输出进行比较，结果如图 5.16 所示，参数测试误差如图 5.17 所示。由此可见，本章提出的模型实际输出值与期望值基本重合，表明该算法具有很好的适应性，保证了故障推理的准确性。

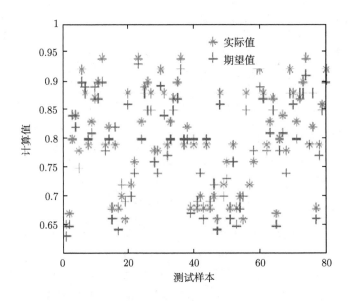

图 5.16　CFFPN 参数期望值与实际值比较

由于需要学习的参数比较多，CFFPN 模型经过学习得到的调整参数收敛于输入参数的局部极值，与初始值有一定的差异，如表 5.4 所示。但 CFFPN 模型中的权重系数、变迁阈值和变迁可信度在本章中是有特定的物理意义，这是 CFFPN 模型与神经网络最主要的区别，通过参数的不断优化，从而提高故障诊断过程中的可信度。

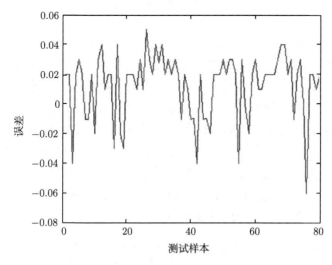

图 5.17　CFFPN 参数测试误差

第 6 章 基于系统原理和 TFM 三维信息流的飞机系统诊断排故技术

在通过故障诊断定位到可能的故障原因后，最终的目标还是通过维修来排除故障。目前的维修排故主要是根据经验进行排故，查找相关手册或者依据经验寻找正确的故障排除方法。但是对于维修排故经验不足的维修人员来说，从技术资料中快速准确地获得维修排故过程中所需的信息是极其困难的。为了解决手册与案例之外新故障的诊断和排故问题，本章从系统原理、故障传播过程及测试、故障和维修的信息集成映射等方面出发，给出测试、故障、维修 (TFM) 三维信息流的概念描述以及模型的建立方法，以及基于 TFM 三维信息流模型的诊断排故算法，并建立某飞机气源系统 TFM 三维信息流模型，进行诊断排故分析，验证了基于 TFM 三维信息流模型的诊断排故技术。

6.1 TFM 三维信息流建模

6.1.1 TFM 三维信息流建模思路

TFM 三维信息流模型的基本思路是，在对飞机系统原理、各类技术手册进行综合分析，采用本体方法对多源异构的测试、诊断和维修信息的集成，并结合 FMEA 报告等对系统进行功能故障分析的基础上，建立 TFM 框架模型。然后以多信号流图方法获得测试和故障关联矩阵，以基于贝叶斯网络的本体映射方法获得故障信息和维修信息之间的映射关系 [229]。最后在 TFM 框架模型上根据测试与故障、故障与维修之间的关系添加 TFM 三维信息，从而得到最终的 TFM 三维信息流模型。基于系统功能结构建立 TFM 三维信息流模型的优势在于：①能够体现测试信息、故障信息和维修信息的结构性和层次性；②能够满足测试、故障知识出现变化而节点更新规模较小的需求；③更好的通用性。基于功能结构的 TFM 三维信息流模型建模思路如图 6.1 所示。

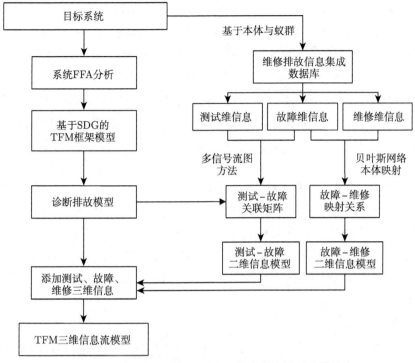

图 6.1 基于功能结构的 TFM 三维信息流模型建模思路

6.1.2 TFM 三维信息流模型定义

TFM 三维信息流的概念是：将故障传播路径上的信息分解为测试、故障和维修三类信息，根据测试信息和故障信息之间、故障信息和维修信息之间的关联映射关系，建立测试、故障和维修三个维度的信息集成。

TFM 三维信息流模型可以定义为有向图 G 与函数 Φ 和函数 Ψ 的组合 (G, Φ, Ψ)，其中，有向图 G 为五元组 (V, T, F, M, E)，$V = \{v_1, v_2, \cdots, v_n\}$ 表示节点集合，T 表示的是测试维元素集合，F 表示的是故障维元素集合，M 表示的是维修维元素集合，有向边集合 $E = (V \times V)$；函数 Φ 表示的是测试-故障关联矩阵；函数 Ψ 表示的是故障-维修映射关系。

6.1.3 TFM 框架建模

1. 系统功能故障分析

现代的装备大多结构复杂，功能多样，造成了故障模式和故障原因多样性。为了后续建立 TFM 框架模型的需要，采用 FFA 方法对系统进行分析，获得功能结构以及故障模式信息。FFA 是一种定性分析方法，可以用来对系统的层次结构、功能信息和故障信息进行分析。使用 FFA 方法进行系统分析的步骤如下。

(1) 收集技术资料。为了进行 FFA 分析，首先应该对系统的组织结构、系统的功能、系统的常见故障等具备初步的了解。这些信息可以从各类技术手册、EICAS、FTA 结果、FMEA 报告、历史经验和案例等资料中获取。

(2) 对系统进行组件划分。由于系统的复杂性，在进行故障模式和故障传播分析时，往往牵涉太多，导致分析结果烦琐，不易于后续处理。因此可以将结构复杂的系统逐步分解为子系统、子子系统和组件，使分析结果更清晰明了。为了适应现有飞机的维修保障体系，在对飞机进行组件划分时，通常按照国际航空运输协会 (International Air Transport Association，IATA) 的章节进行划分。

(3) 列出组件的功能。在 FFA 中，故障被定义为特定功能的丧失，列出组件的相关功能，对解释故障原因和故障后果起到一定的帮助作用。

(4) 选择组件的输入输出变量。以组件的功能为基础，选择输入输出状态变量，原则是能够体现功能的特征变化。并按照系统原理，对状态变量之间的因果关系进行分析。

(5) 故障模式分析。以系统 FMEA 报告为基础，获得系统中各个组件的故障模式、故障机理和故障影响，并分析特定故障模式可能会产生的故障影响和发生的条件。

2. 基于 SDG 的 TFM 框架模型建立

作为 TFM 三维信息流模型的基础架构，TFM 框架模型需要能够反映系统的功能结构，并且需要包含故障模式和故障传播知识。为了满足上述需要，鉴于 SDG 在描述动态系统中的因果关系和节点可以承载大量信息方面的优势 [230]，采用 SDG 的有向图建模方式，结合 FFA 相关信息，建立 TFM 框架模型。

SDG 是在有向图 (directed graph，DG，包括过程图、认知图和故障传播图) 的基础上发展而来的，是对有向图在某些方面进行扩展而得到的。SDG 模型是由节点集合和节点之间的关系集合组成的一种结构，节点代表过程变量 (或连续变量)，而两个过程变量之间的关系则用节点与节点之间的有向弧表示 [231]。节点又分为两种：源节点与目标节点，源节点是指发生原因或者父节点，目标节点是指影响或者子节点。

下面给出一个 SDG 模型的简单实例。图 6.2 是一个二阶惯性水箱系统的结构图，它由两个水箱和若干管道组成，关于该系统的定性描述如下：F_0 水的注入，导致 L_1 水位的升高，从而导致 F_1 水的流动，然后使得 L_2 水位的升高，导致 F_2 水的流动。在此定性描述的基础上构建的定性 SDG 模型如图 6.3 所示。

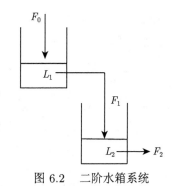

图 6.2 二阶水箱系统

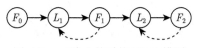

图 6.3 二阶水箱系统 SDG 模型

下面以 APU 引气系统为例给出 TFM 框架模型建立的具体步骤。

1) 建立系统结构模型

根据 IATA 章节的内容，把复杂的系统逐步分解为若干个子系统、子子系统和组件。组件划分的基本原则是：组件能够体现原系统的结构层次关系；能够反映诊断相关的数据属性 (包括诊断对象的结构、功能和行为关系等)；能够满足测试、故障知识出现变化而节点更新规模较小的需求。

如图 6.4 所示，对某型飞机 APU 引气系统进行组件划分，APU 引气系统作为气源系统的一部分，本身属于子系统级别，可以将 APU 引气系统划分为 APU 加载活门、APU 单向活门和 APU 下游 AMS 引气管路三个组件。

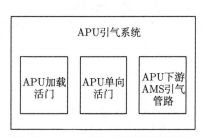

图 6.4 APU 引气系统组件划分图

2) 建立功能模型

在完成系统的组件划分后，依据组件 FFA 分析的结果，设定组件的输入变量和输出变量，以及确定判断变量是否正常的阈值。

以 APU 引气系统为例，对其进行功能分析，得到的 APU 引气系统各组件的特征向量如表 6.1 所示。在此基础上，以"□"表示组件，"○"表示状态变量，建立的 APU 引气系统功能模型如图 6.5 所示。

表 6.1　APU 引气系统特征向量

变量类型	APULCV	APUCKV	APU 引气管路 APUDUCT
输入变量	APULCV 开关输出 C_{APULCV}	APULCV 开度 V_{APULCV}	APUCKV 开度 V_{APUCKV}
输出变量	APULCV 开度 V_{APULCV}	APUCKV 开度 V_{APUCKV}	引气出口压力 P_{PIPS}

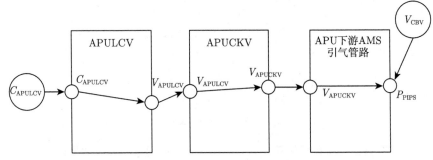

图 6.5　APU 引气系统功能模型

3) 分析组件故障模式和故障传播关系

以 FFA 分析的结果为基础，获取每个组件中状态变量处于异常值时可能的原因和可能产生的影响，并在系统功能模型的基础上为组件添加故障模式节点。将故障分为两种：端点故障和底层故障。端点故障为组件层的故障。底层故障表示组件内部发生故障而导致组件处于某种故障状态的征兆。添加故障模式节点后，用连接线将故障模式连接到对应的状态变量节点上。并对模型上各功能结构节点的故障模式、故障影响关系、故障可能的传播方向等进行分析。

在图 6.5 的基础上，以"●"表示底层故障，"⊘"表示端点故障，建立的某型飞机 APU 引气子系统的 TFM 框架模型如图 6.6 所示。

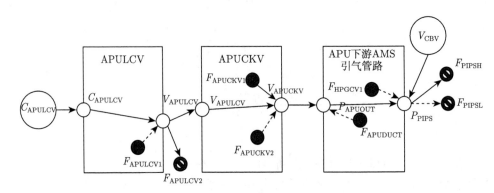

图 6.6　APU 引气子系统 TFM 框架模型

3. 某型飞机气源系统 TFM 框架建模

以某型飞机气源系统为例，建立 TFM 框架模型。根据气源系统的结构功能，将其划分为 6 个功能模块，各功能模块如图 6.7 所示。

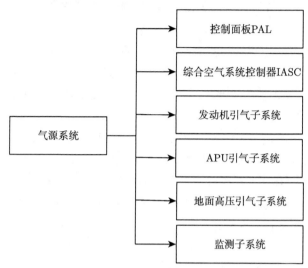

图 6.7 气源系统子系统级功能模块图

(PAL：pallet 的简称，即面板)

按照上述步骤对气源系统进行分析，以"□"表示组件，"○"表示状态变量，"●"表示底层故障，"⊘"表示端点故障，建立如图 6.8 所示的气源系统子系统级 TFM 框架模型。

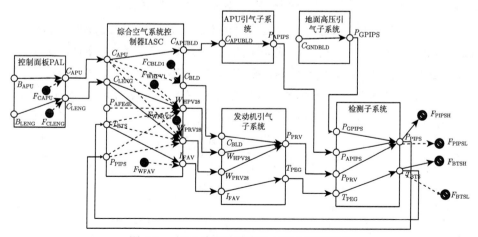

图 6.8 气源系统子系统级 TFM 框架模型

6.1.4　基于多信号流图方法的测试-故障信息关联

为了将测试、故障和维修三个维度的信息添加到 TFM 框架模型的节点上,生成最终的 TFM 三维信息流模型,需要建立测试和故障之间、故障和维修之间的关联关系。在反映系统结构层次关系的 TFM 框架模型的基础上,建立测试-故障影响关系矩阵,以及故障-维修信息映射关系表。

多信号流图模型与 TFM 框架模型类似,都是在物理结构的基础上进行模型建立,并以有向图的方式来表达功能的流向 [214]。为了建立测试-故障信息之间的关联关系,在 TFM 框架模型的基础上,应用多信号流图方法建立诊断排故模型,并对模型中测试和故障之间的关系进行分析,生成测试-故障关联矩阵 (简称 TF 矩阵)。

诊断排故模型的建立方法如下:在 TFM 框架模型的基础上,为每个状态变量节点或故障模式节点增加测试信息点,并且建立测试信息点与状态变量之间的关联关系,以及故障模式与测试信息之间的关联关系。在某型飞机 APU 引气子系统 TFM 框架模型的基础上,以"●"表示测试信息点,添加测试信息点后得到的诊断排故模型如图 6.9 所示。

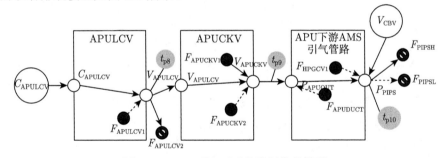

图 6.9　APU 引气子系统诊断排故模型

为了开展诊断工作,在诊断排故模型的基础上,应进一步对测试-故障信息关联技术进行研究,以矩阵的形式表示测试与故障之间的关系。测试-故障关联矩阵是测试和故障之间的关联关系,是模型基于测试信息进行故障诊断的依据。测试-故障关联矩阵以布尔矩阵的形式来表示测试 $T = \{t_1, t_2, \cdots, t_m\}$ 和故障 $F = \{f_1, f_2, \cdots, f_n\}$ 之间的关联关系。其具体形式为

$$TF_{m \times n} = \begin{array}{c} \\ T_1 \\ T_2 \\ \vdots \\ T_m \end{array} \begin{array}{cccc} F_1 & F_2 & \cdots & F_n \\ \left[\begin{array}{cccc} tf_{11} & tf_{12} & \cdots & tf_{1n} \\ tf_{21} & tf_{22} & \cdots & tf_{2n} \\ \vdots & \vdots & & \vdots \\ tf_{m1} & tf_{m2} & \cdots & tf_{mn} \end{array} \right] \end{array} \tag{6.1}$$

其中，tf_{mn} 为测试 t_m 和故障 f_n 的相关性。$tf_{mn}=1$ 表示可以根据测试信息 t_m 判定出现故障 f_n；$tf_{mn}=0$ 表示测试信息 t_m 不能判定出现故障 f_n。第 m 个行向量 $T_m=[tf_{m1}\ tf_{m2}\ \cdots\ tf_{mn}]$ 表示测试信息 t_m 能测出的所有故障；第 n 个列向量 $F_n=[tf_{1n}\ tf_{2n}\ \cdots\ tf_{mn}]$ 表示能够表明故障 f_n 发生的所有测试信息。

在复杂系统中，同一个组件中往往存在多个状态变量，每一个状态变量都可能会处于异常值的状态，此时将出现功能故障。因此本章将组件中的每一个会出现故障的状态变量都当作一种功能故障，对应到测试-故障关联矩阵中的每一行。

生成测试-故障关联矩阵是一个不断进行可达性分析和相关性分析的过程。生成矩阵的具体方法是：对诊断排故模型中的每个测试点信号进行深度优先搜索，当搜索到能够停止此信号的故障时，就停止该路径上的搜索。当故障组元 i 到测试 j 可达而且有信号关联时，那么 $tf_{ij}=1$，否则 $tf_{ij}=0$。

建立某型飞机气源系统的诊断排故模型并进行分析，得到了如表 6.2 所示的测试-故障关联矩阵。

表 6.2　气源系统 TF 矩阵

测试	F_1	F_2	F_3	F_4	F_5	F_6	F_7	F_8	F_9	F_{10}	F_{11}	F_{12}	F_{13}	F_{14}	F_{15}	F_{16}	F_{17}	F_{18}	F_{19}	F_{20}	F_{21}
T_1	1	0	0	0	0	0	0	0	0	0	0	0	0	0	0	0	0	0	0	0	0
T_2	1	1	1	0	0	0	0	0	0	0	0	0	0	0	0	0	0	0	0	0	0
T_3	0	1	0	0	0	0	0	0	0	0	0	0	0	0	0	0	0	0	0	0	0
T_4	1	1	1	1	1	0	0	0	0	0	0	0	0	0	0	0	0	0	0	0	0
T_5	1	1	1	1	1	0	1	0	0	0	0	0	0	0	0	0	0	0	0	0	0
T_6	1	1	1	1	1	1	1	0	0	0	0	0	0	0	0	0	0	0	0	0	0
T_7	1	1	1	1	1	1	1	1	1	1	0	1	1	1	0	0	0	0	0	0	0
T_8	1	1	1	1	1	1	1	1	1	1	1	1	1	1	0	0	0	0	0	0	1
T_9	0	0	0	0	0	0	0	0	0	1	0	1	1	1	0	0	0	0	0	0	0
T_{10}	0	0	0	0	0	0	0	0	0	0	0	0	1	0	0	0	0	0	0	0	0
T_{11}	0	0	0	0	0	0	0	0	0	0	0	0	0	1	0	0	0	0	0	0	0
T_{12}	0	0	0	0	0	0	0	0	0	0	0	0	0	1	1	0	0	0	0	0	0
T_{13}	0	0	0	0	0	0	0	0	0	0	0	0	0	1	1	1	1	0	0	0	0
T_{14}	0	0	0	0	0	0	0	0	0	0	0	0	0	0	1	1	1	1	0	0	0
T_{15}	0	0	0	0	0	0	0	0	0	0	0	0	0	0	0	0	0	0	0	1	0
T_{16}	0	0	0	0	0	0	0	0	0	0	0	0	0	0	0	0	0	0	1	1	1
T_{17}	0	0	0	0	0	0	0	0	0	0	0	0	0	0	0	0	0	0	0	0	1

6.1.5　基于贝叶斯网络的故障-维修信息映射

为了研究故障信息和维修信息之间的映射关系，鉴于信息以本体方法进行了集成以及贝叶斯网络在寻找本体之间关联关系方面的优势，采取基于贝叶斯网络的本体映射方法实现故障-维修信息映射关系的获取。

1. 故障-维修本体映射实现方法

本体映射是建立不同本体内元素与元素之间语义映射关系的过程 [232]。本体映射关系通常用集合：$M = \{m_k | m_k = (< e_{1i}, e_{2j} >, r, \sigma)\}$ 表达，其中，e_{1i}、e_{2j} 分别为来自本体 O_1、本体 O_2 的元素，r 表示 e_{1i} 和 e_{2j} 之间的关系；σ 表示置信度，通常取值为 $\sigma \in [0,1]$。

目前的本体映射方法按实现手段可以分为基于约束的、基于统计学的、基于规则的和基于计算机学习的方法，按建立映射关系的方式可以分为基于层次结构的、基于语法的、基于实例的、基于定义的方法 [233]。在实际应用中，单一的本体映射技术和方法已经不能满足复杂本体的映射要求，为了提高本体映射的效率和准确率，将采用多策略混合的方法来建立映射关系，采用贝叶斯网络 (Bayesian network，BN) 来进行映射推理。

贝叶斯网络模型是一个有向无环图 (directed acyclic graph，DAG)，由节点和节点之间的有向边组成。在贝叶斯网络中，节点表示随机变量，它们之间的关联关系则用有向边表示，有向边的起点为父节点，箭头所指的方向为子节点。贝叶斯网络通过概率来表示变量之间的相互关系，而且可以在信息不全或信息不确定的情况下进行推理，常用来解决复杂的不确定性问题 [234]。基于贝叶斯网络的本体映射基本步骤如图 6.10 所示。

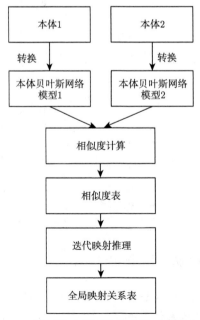

图 6.10   基于贝叶斯网络的本体映射基本步骤

基于贝叶斯网络的本体映射其基本思路是：首先将待建立映射关系的两个本体用贝叶斯网络模型来表示；然后，对本体贝叶斯网络模型中的节点进行相似度计算，将相似度的值以表格的形式进行存储；之后迭代进行映射推理，在已有映射关系的基础上推理发现新的本体映射关系；完成迭代推理后，得到最终的全局映射关系表。

基于贝叶斯网络的本体映射具体实现步骤如下。

1) 本体模型转化为贝叶斯网络模型

将待映射本体转换为贝叶斯网络模型是通过函数 φ 来实现的，函数 φ 是本体元素与贝叶斯网络中节点之间的关联关系。将由本体转换得到的贝叶斯网络称为本体贝叶斯网络 (ontology Bayesian network，OBN)。本体贝叶斯网络可以形式化定义为：OBN= $\{N, E, P, I, A, \theta_{\mathrm{ST}}\}$，其中，节点集合 N 和边集合 E 组成模型的框架；I 表示节点的实例集合；P 表示模型节点的属性集合；A 表示节点的公理集合；相似度集合则由 θ_{ST} 表示。

(1) $N = \varphi(C)$。将待映射本体中的元素集 C 转化为 OBN 中的概念节点集 N，本体元素和概念节点之间为 1:1 的映射关系。

(2) $E = \varphi(R)$。将待映射本体中元素之间的关系集 R 转化为 OBN 中有向边的集 E。

(3) $P = \varphi(F)$。将待映射本体中函数集 F 转化为 OBN 中概念节点的属性集 P。

(4) $I = \varphi(I)$。将待映射本体中元素的实例集 I 转化成 OBN 中概念节点的实例集 I。

(5) $A = \varphi(A)$。将待映射本体中的公理集合 A 转换成 OBN 中的公理集合 A。

(6) BN $= \varphi(O)$。将一个待映射本体 O 转化为一个本体贝叶斯网络模型 OBN，两个模型之间是 1:1 的关系。

(7) $P(n) = \varphi[I(n)]$。n 表示 OBN 中的概念节点；$I(n)$ 表示 n 和它所包含的所有子节点中的实例数目之和。函数 φ 可以用节点的实例数除以 OBN 中的总实例数得到。

(8) $P(B|A) = \varphi(B, A)$。OBN 中的父概念节点由 A 表示，子概念节点由 B 表示。$\varphi(B, A)$ 可以计算出 B 和 A 的边标识 (也就是节点之间的条件概率)，由于 B 是 A 的子节点，所以 $P(AB) = P(B)$，所以条件概率 $P(B|A) = P(B)|P(A)$。

下面给出一个例子，来验证上述本体转化方法的可行性。图 6.11 是一个维修本体模型的部分内容，主要对修理级别和维修方法进行了本体建模。将该本体模型转化为 OBN 模型，结果如图 6.12 所示。

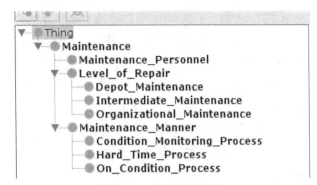

图 6.11　维修本体模型

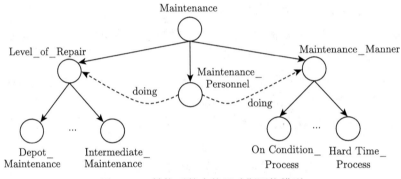

图 6.12　转换后的本体贝叶斯网络模型

通过图 6.12，可以发现本体模型与贝叶斯网络模型中的节点间是一一对应的关系，转化后的贝叶斯网络模型中的元素名称与原本体模型中元素的名称也是相同的。因此可以说明转化后的贝叶斯网络模型可以表示出本体中的所有信息。

2) 多策略相似度计算

在进行相似度计算前，需要从 OBN 模型中找出全部的概念节点对。假设模型 1 有两个概念节点分别为 A_1 和 B_1，模型 2 中有两个概念节点 A_2 和 B_2，那么全部的概念节点对为 (A_1, A_2)，(A_1, B_2)，(B_1, A_2)，(B_1, B_2)，采用基于名称、基于属性和基于实例的多策略方法来计算本体贝叶斯网络模型中所有概念节点对的相似度值。

(1) 基于名称的策略。

基于名称的相似度计算公式为

$$\text{Sim}_{\text{name}}(x, y) = \max\left(0, \frac{\min(|x|, |y|) - \text{ed}(x, y)}{\min(|x|, |y|)}\right) \tag{6.2}$$

其中，$|x|$ 和 $|y|$ 分别为名称字符 x 和 y 的长度；$\min(|x|, |y|)$ 为 x 和 y 中字符

较短者的长度；ed (x,y) 为将 x 转化为 y 所需要的最小步骤数，可进行的操作包括替换、插入、去除等。

(2) 基于属性的策略。

假设 a 和 b 分别为概念 x 和 y 的属性，则可以由式 (6.3) 计算 a 和 b 之间的相似度。

$$\text{Sim}_{\text{attribute}}'(x,y) = \alpha \text{Sim}_{\text{attri\_name}}(a,b) + \beta \text{Sim}_{\text{data\_type}}(a,b) \tag{6.3}$$

其中，$\text{Sim}_{\text{attri\_name}}(a,b)$ 为属性的名称相似度，可以根据式 (6.2) 进行计算；$\text{Sim}_{\text{data\_type}}(a,b)$ 表示数据类型的相似度值，可以从数据类型匹配表中获得，权值 α 和 β 满足 $\alpha + \beta = 1$。

因为一个概念有可能包含多个属性，假设元素 x 和 y 中一共可以求出 n 个 $\text{Sim}'_{\text{attribute}}(x,y)$，那么概念 x 和 y 的属性相似度为

$$\text{Sim}_{\text{attribute}}(x,y) = \sum_{k=1}^{n} \omega_k \text{Sim}'_{\text{attribute}}(x,y) / \sum_{k=1}^{n} \omega_k \tag{6.4}$$

其中，ω_k 为权值。

(3) 基于实例的策略。

基于实例的相似度计算公式为

$$\text{Sim}_{\text{instance}}(x,y) = \frac{P(x \cap y)}{P(x \cup y)} = \frac{P(x,y)}{P(x,y) + P(x,\bar{y}) + P(\bar{x},y)} \tag{6.5}$$

其中，$P(x \cap y)$ 表示同时属于概念节点 x 和概念节点 y 的实例占实例总数的比例；$P(x \cup y)$ 表示 x 和 y 中的实例占所有实例的比例。

(4) 相似度的合并计算。

对相似度计算策略进行合并，合并计算公式为

$$\text{Sim}(x,y) = \lambda_{\text{name}} * \text{Sim}_{\text{name}} + \lambda_{\text{attribute}} * \text{Sim}_{\text{attribute}} + \lambda_{\text{instance}} * \text{Sim}_{\text{instance}} \tag{6.6}$$

其中，$\lambda_{\text{name}} + \lambda_{\text{attribute}} + \lambda_{\text{instance}} = 1$，其相应的值可分析得到。

在计算得到多策略相似度的合并值后，以表格的形式进行存储。

3) 迭代映射推理过程

为了得到完善的映射关系，采用迭代的映射推理过程来发现映射关系，该方法的原理是：利用贝叶斯网络在推理不确定性问题方面的优势，以已知的本体映射关系为基础，推理出其他隐藏的映射关系。在推理的过程中，可以不断挖掘未

知的映射关系，这些新关系又可以作为推理其他未知映射关系的基础，这是一个反复迭代完善的过程。具体的实现步骤如下。

第一步：设置阈值 $\delta(0 < \delta < 1)$，找出本体贝叶斯网络模型中节点相似度值大于阈值 δ 的所有概念节点对，放入待映射队列。

第二步：从待映射队列中随机取出一对概念节点，假设为 (x_1, y_1)，建立相应的映射关系，并将该映射关系添加到集合 M 中，M 为映射集合，初始值为空。

第三步：根据本体贝叶斯网络模型的边集合 E 和属性集合 P，为 (x_1, y_1) 中的两个概念节点分别建立邻接概念节点集 n 和 n'，然后根据集合 n 和 n' 中的节点与 (x_1, y_1) 之间的关系，将集合 n 和 n' 分为父节点集 (f, f')、子节点集 (c, c') 和谓词节点集 (w, w')。

第四步：分别对父节点集、子节点集和谓词节点集进行相似度值更新。

(1) 父节点集。从相似度表中找到 $\text{Sim}(f, f')$ 的值，然后利用式 (6.7) 来更新。

$$\text{Sim}(f, f') = \text{Sim}(f, f') + P\left(\frac{x_1}{f}\right) * P\left(\frac{y_1}{f'}\right) * \text{Sim}(x_1, y_1) \tag{6.7}$$

其中，$P\left(\dfrac{x_1}{f}\right)$ 和 $P\left(\dfrac{y_1}{f'}\right)$ 的值可以由本体贝叶斯网络的边找到。

(2) 子节点集。在本体贝叶斯网络模型中，一个概念节点可能会包含多个子节点，所以在更新子节点集的相似度时，需要进行多次计算更新。首先找出 x 节点中所有的子节点 $(c_1, c_2, \cdots, c_n)$，然后从相似度表中找出所有的 $\text{Sim}(c_i, c_j')$，其中，$i = 1, \cdots, n$，$j = 1, \cdots, m$，然后利用式 (6.8) 来计算更新。

$$\text{Sim}(c_i, c_j') = \text{Sim}(c_i, c_j') + P(c_i/x_1) * P(c_j'/y_1) * \text{Sim}(x_1, y_1) \tag{6.8}$$

(3) 谓词节点集。谓词节点集的更新方法与子节点集合类似，也需要多次更新，但是不同的是，谓词关系没有概率标识，所以将谓词之间的相似度作为影响因子。更新公式为

$$\text{Sim}(w_i, w_j') = \text{Sim}(w_i, w_j') + \text{Sim}(n_i, n_j') * \text{Sim}(x_1, y_1) \tag{6.9}$$

其中，$\text{Sim}(n_i, n_j')$ 为两个谓词之间的名称相似度，可由公式 (6.2) 计算。

第五步：返回第一步。

当待映射队列中不存在概念节点对时，表示迭代过程结束。整理最终的映射集合 M，即可获得本体映射的全局映射关系表。

假设要建立维修本体中的 "修理级别" 和故障本体中的 "故障描述" 元素之间的映射关系，将 "修理级别" 元素用 P 表示，则 "故障描述" 元素用 P' 表示；Q

表示 "修理级别" 的父概念，Q' 表示 "故障描述" 的父概念；$Z_1,\cdots,Z_x$ 表示 "修理级别" 的子概念，$Z_1',\cdots,Z_y'$ 表示 "故障描述" 的子概念；$G_1,\cdots,G_m$ 表示与 "修理级别" 有谓词关系的概念，$G_1',\cdots,G_n'$ 表示与 "故障描述" 有谓词关系的概念。通过上述本体映射方法，得到的最终映射结果如图 6.13 表示。图中，两个虚线框之间的箭头表示两个集合中存在具有映射关系的节点，虚线箭头表示通过迭代推理得到的映射关系。通过更新相似度值，可以得到修理级别和故障描述之间新的映射关系。

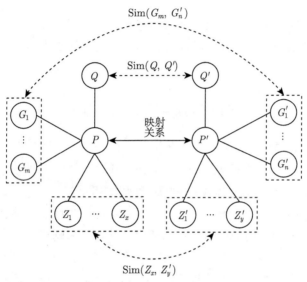

图 6.13　迭代推理映射关系

2. 实例

选取 OAEI 提供的数据集 benchmarks 中的部分本体进行实验评估。该数据集中的本体描述的是书目的信息，它包括了 1 个参考本体 101 和 273 个扩展本体，这 273 个扩展本体多由参考本体修改部分数据信息得到。本节选取参考本体 101 和 8 个扩展本体，通过计算查全率、查准率以及 F-Measure[235] 对本体映射进行评估，其计算方式为

$$\text{查全率：Recall}(R, I) = \frac{|R \cap I|}{|R|} \tag{6.10}$$

$$\text{查准率：Precision}(R, I) = \frac{|R \cap I|}{|I|} \tag{6.11}$$

$$F\text{-Measure}\,(R, I) = \frac{2 \times \text{Precision}\,(R, I) \times \text{Recall}\,(R, I)}{\text{Precision}\,(R, I) + \text{Recall}\,(R, I)} \tag{6.12}$$

运用上述本体映射方法建立映射关系，对映射结果进行评估，结果如表 6.3 所示。

表 6.3　映射结果评估

评估项	101	103	104	201	202	203	221	248	265
Recall	1.000	1.000	1.000	0.950	0.941	0.962	0.931	0.904	0.845
Precision	1.000	1.000	1.000	0.965	0.930	0.977	0.904	0.818	0.833
F-Measure	1.000	1.000	1.000	0.970	0.933	0.980	0.916	0.859	0.840

由表 6.3 可知，基于贝叶斯网络的本体映射方法在寻找本体映射关系时，可以在保证查全率的同时，又保证较高的查准率，能够建立本体之间比较完善的映射关系。

6.2　基于本体与蚁群的维修排故信息集成

飞机的维修排故信息主要来源于各类技术手册、中央维护系统 (central maintenance system，CMS) 维护信息、发动机指示和机组警告系统 (engine indicating and crew alerting system，EICAS) 信息、航后机组报告、快速提取记录器 (quick access record，QAR) 数据、地面维护报告等。这些信息往往以独立的形式保存于不同的存储介质中，不同的信息源可能使用多种术语来阐述同一个概念，而且不同信息源中概念之间存在的联系也被隐藏，不能充分利用，使得维修排故信息呈现出分布式、动态性和异构性的特点。对这些信息进行集成，建立统一的表达方式，是航空公司和维修企业面临的共识问题，也是建立 TFM 三维信息流模型首先要解决的问题。为了建立统一的维修排故信息表达方式，基于本体论和蚁群算法，给出基于本体与蚁群的维修排故信息集成方法。

6.2.1　基于本体与蚁群的维修排故信息集成思路

基于本体与蚁群的维修排故信息集成的基本思路是，用本体解决多源异构维修排故信息的集成建模问题，用协同生成算法解决本体构建工作量大和更新困难的问题 [236]，集成思路如图 6.14 所示。维修排故信息集成分为两个部分，第一部分为维修排故信息初始本体建模，给出基于本体的飞机维修排故信息建模方法，包括本体的描述语言和组织结构，通过对飞机维修排故信息进行分析，构建出初始本体，并进行本体集中；第二部分为本体合成优化算法，针对初始本体信息量大、语义关系简单和更新难度大的缺点，给出快速准确的优化算法，通过该算法，对初始本体进行合成优化，生成飞机维修排故信息本体模型。最后，以本体作为数据组织结构将维修排故信息存储于关系数据中。飞机维修排故本体信息建模是基础，合成优化算法是关键技术。

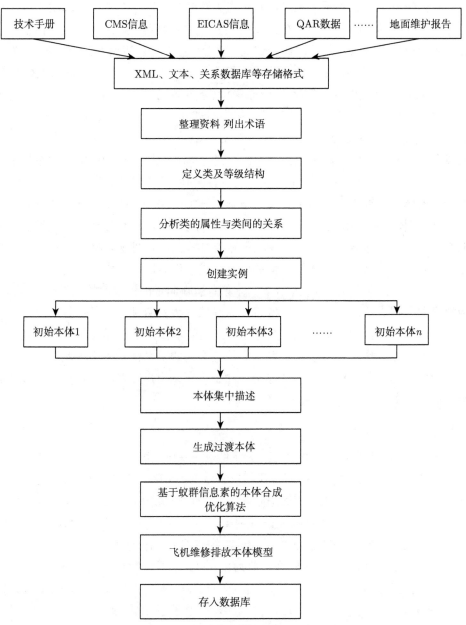

图 6.14　基于本体与蚁群的维修排故信息集成思路

(XML：可扩展标记语言，extensible markup language)

6.2.2　维修排故信息初始本体建模

1. 本体的概念和作用

本体的概念来自于哲学领域，它重点关注的是客观存在的抽象本质，是对客观存在的事物的说明和阐释。在计算机领域，本体得到了广泛的关注，但是在计算机领域内并未给出对本体的统一定义，学者根据自己的理解给出了不同的定义。其中，Gruber 在 1993 年提出的 "本体是概念化的明确的规范说明" 最为流行 [237]。Studer 对这个定义进行了探讨，他觉得本体的定义应该是 "共享概念模型的明确的形式化规范说明"。这个定义可以理解为四部分：第一，概念模型 (conceptualization)，表示的是客观存在现象的抽象化模型；第二，明确 (explicit)，精确定义概念以及概念之间关联关系；第三，形式化 (formal)，准确的数学模型描述方法；第四，共享 (share)，本体提供的是一种明确定义的共识 [238]。

将本体作为维修排故信息集成的基础，其主要作用体现在以下三个方面。

(1) 本体明确了语义内容。在信息集成的过程中，不同数据源的数据都有不同的组织结构和表达方式，造成互相之间语义知识的无法理解，本体可以提供一种语义规范来描述这些异构数据，解决信息集成过程中语义异构的问题。

(2) 本体提供了信息组织框架。本体具有清晰明了的组织结构，在将收集到的数据存入数据库的过程中，可以按照建立好的本体模型进行信息组织。

(3) 本体模型可以作为信息查询模型。当前本体语言已经发展为机器可理解的语言，将本体作为查询模型，可以利用其丰富的语义结构关系，实现智能化的信息检索。但是由于本体中已经定义了知识，所以用户在查询的过程中只能使用统一的表达方式。

2. 本体描述语言

本体作为一种明确定义的共识，为了能够更清晰、更形式化地描述本体，具有其特定的建模语言。本体建模语言包括以下特征：明确的语义、明确的语法、高效的推理支持、足够的表现力和表达的便利性。万维网联盟 (World Wide Web Consortium，W3C) 推荐的本体描述语言主要有 XML(S)、RDF(S)、OWL 等 [239]。图 6.15 展示了这些语言在互操作性和语义描述能力方面的强弱。

从图 6.15 可以看出，发展到目前为止，OWL 语言的查询服务能力和语义描述能力与其他语言相比都具有一定的优势。OWL 是一种 W3C 推荐的本体语言，是对 RDF 进行语义关系的扩展而得到的，它继承了 RDF 以三元组陈述事实的方式，但相比于 RDF 语言，它具有更多的语义词汇来描述语义关系 [240]。RDF 模型的基础构件是一个主体 (subject) –谓语 (predicate) –客体 (object) 的三元组，称为声明。OWL 模型由类、类之间的关系、个体和属性组成。为了在后续过程中实现对本体的合成优化，而且最终本体应具备丰富的语义关系，本章需要实现 RDF 和 OWL 的切换，在合成优化的过程中使用 RDF 结构，最终的本体则采用 OWL 语言进行描述。为了满足上述要求，选取 Protégé 4.0 软件来构建本体模型，该软件属于开源软件，采用 Java 语言编写，不仅支持 OWL 和 RDF 本体，而且支持数据库存储。

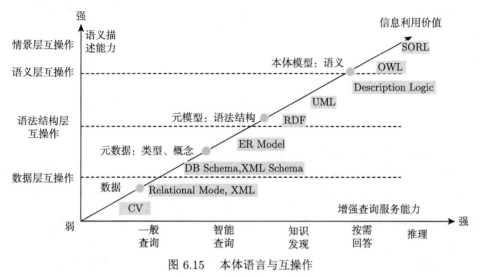

图 6.15 本体语言与互操作

(SORL：面向服务的需求语言，service oriented requirements language；OWL：网络本体语言，web ontology language；UML：统一建模语言，unified modeling language；RDF：资源描述框架，resource description framework；ER Model：实体关系模型，entity relationship model；CV：受控词汇表，controlled vocabulary)

3. 维修排故信息初始本体构建步骤

针对 TFM 三维信息流模型构建的需要，本部分主要针对测试、故障和维修信息进行 TFM 初始本体构建，具体构建步骤如下。

1) 确定领域类别和范围

作为构建本体的首要步骤，需要确定本体所属的领域范围、本体构建的目的、本体模型后续的更新维护方法。TFM 信息本体分为三个局部本体：测试本体、故障本体和维修本体，领域范畴非常明确。应用本体的目的是进行信息集成，以提高维修排故过程中的信息利用率，因此概念之间的关系是关键内容。在完成上述步骤后，需要进一步确定测试、故障和维修各领域的信息来源。下面以某型飞机为例，如图 6.16 所示，分析构建 TFM 信息本体所需的资料信息。

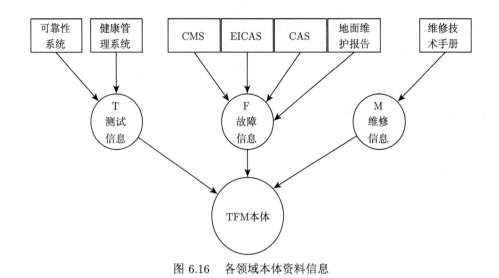

图 6.16　　各领域本体资料信息

2) 考虑复用现有本体的可能性

如果领域内存在现有的本体，那么复用这些本体将大大减少构建本体需要的时间。目前，领域内并未有测试、故障、维修本体的集成研究，所以不存在现有本体。

3) 列出领域中的重要术语

对领域范畴内的资料进行分析，列举出所有的术语，此时不考虑术语之间是否会有语义或属性上的重复。下面列举了部分术语，测试领域的术语有：测试点位置、测试点名称、测试的类型、测试的手段、测试的辅助信息等。故障领域的术语有：故障模式、故障影响、故障代码等。维修领域的术语有：维修级别、维修工具、维修步骤等。

4) 定义类和类的等级体系

通过收集测试、故障和维修领域的相关知识信息，以测试、故障和诊断作为顶层的核心概念，采用自上而下法对各自领域内的知识进行整理分析。

分析得到的部分概念层次集如表 6.4 所示。由于本体建模工具只支持英文，所以表中的概念层次用英文表示。

根据表 6.4 中分析得到的概念层次集，采用 Protégé 软件建立 TFM 信息本体类关系的初级模型。在建模过程中，将 Level 2 中的类作为 Level 1 中对应类的子类，Level 3 中的类是 Level 2 中对应类的子类，以此类推。例如，基层级维修是修理级别的子类，修理级别又是维修的子类，可以用下面的本体语言描述这种关系。

```
<owl: Class rdf: ID=''Organizational Maintenance''>
<rdfs: subClassOf>
<owl: Class rdf:ID=''Level of Repair''>
</rdfs: subClassOf>
<owl:Class>
<owl: Class rdf: ID=''Level of Repair''>
<rdfs: subClassOf>
<owl:Class rdf:ID=''Maintenance''>
</rdfs: subClassOf>
<owl:Class>
```

表 6.4　领域本体概念层次示例

Level 1	Level 2	Level 3	Level 4
TFM	Test	Test point	Point 1
			Point 2
		Test type	Functional test
			Performance test
	Fault	Fault level	Level 1
			Level 2
		Fault mode	Red light
			Noise
	Maintenance	Level of repair	Depot maintenace
			Intermediate maintenace
		Maintenance Manner	Hard time process
			On condition process

5) 定义类的属性和类之间的关系

类的属性是对类的内部结构的描述，是对类间语义关系的表示，Protégé 中提供了 Object Properties(对象属性) 和 Data Properties(数据属性)。

本体的核心就是类之间的关系，每一种关系都代表着一种类和类之间的映射关系。可以把这种关系看作二元组或多元组函数，函数定义域和值域的取值就是测试、故障和维修领域内定义的类和子类的对象。在 Protégé 中，用 Object Properties 属性中的 Domains(intersection) 子属性来设置定义域，Ranges(intersection) 子属性来设置值域。

6) 定义类属性的"侧面"

属性侧面就是对属性取值特性的规定，这些规定包括属性取值的个数、允许的取值范围等。

7) 创建类的实例

在创建类的实例时，不仅添加该实例，还需要添加实例的属性值。

6.2.3　基于蚁群信息素的本体合成优化

1. 基于蚁群信息素的本体合成优化步骤

为了提高本体模型的可信度和准确度，本章在初始本体构建的基础上，对多个初始本体进行合成优化。传统的 RDF 声明只有两个状态：存在或者不存在。但是实际的本体构建时，RDF 声明得到认可是一个持续的过程。本章中在原 RDF 三元组的基础上，加上另一个属性：认可度 (recognition degree)，认可度表示不同本体构建人员对同一 RDF 声明的认可程度，认可度 r 的取值为 0~1。将声明描述为 (s, p, o)，例如，对于声明"任务号是维修任务的一部分"，可以这样表达：(task num，part of，maintenance task)。

维修排故信息本体合成优化的步骤如下。

第一步：构建维修排故信息初始本体。

构建的初始本体 (initial ontology，IO) 可由式 (6.13) 表示。

$$\mathrm{IO} = \{(s_1, p_1, o_1, r_1), (s_2, p_2, o_2, r_2), \cdots, (s_i, p_i, o_i, r_i), \cdots, (s_n, p_n, o_n, r_n)\} \tag{6.13}$$

其中，$1 \leqslant i \leqslant n$，$n$ 为本体 RDF 模型中声明的数量；s_i 为主体；p_i 为谓语；o_i 为客体；r_i 为认可度。这里将初始的认可度都设为 0。

第二步：生成维修排故信息过渡本体。

过渡本体 (transition ontology，TO) 是 m 个初始本体 IO 中所有声明三元组的集合。由式 (6.14) 表示。

$$\mathrm{TO} = \bigcup_{k=1}^{m} \mathrm{IO}_k \tag{6.14}$$

其中，IO_k 为第 k 个初始本体。而且，需要在过渡本体的生成中保留相同的三元组。例如，$\mathrm{IO}_1 = \{(s_1, p_1, o_1, r_1), (s_2, p_2, o_2, r_2), (s_3, p_3, o_3, r_3)\}$，$\mathrm{IO}_2 = \{(s_3, p_3, o_3, r_3), (s_4, p_4, o_4, r_4)\}$，那么，$\mathrm{TO} = \{(s_1, p_1, o_1, r_1), (s_2, p_2, o_2, r_2), (s_3, p_3, o_3, r_3), (s_3, p_3, o_3, r_3), (s_4, p_4, o_4, r_4)\}$。并计算 TO 中 s 和 o 相同、p 不同的声明的个数 u，以及 s、p 和 o 都相同的声明的个数 v。

第三步：生成维修排故信息最终本体。

最终本体 (final ontology, FO) 是经本体合成优化算法优化后生成的本体，是 TO 中符合算法条件的子集的集合。

2. 基于蚁群信息素的本体合成优化算法

蚁群算法 (ant colony algorithm, ACA) 是一种仿生优化算法，它是基于对自然界中蚁群的集体觅食行为进行模拟而提出的 [241]。蚁群算法中最为核心的部分是信息素，信息素的作用是指导蚂蚁的行为。当蚁群在觅食的过程中遇到一个陌生的路口时，它们会随机选择一条路径，并释放信息素，信息素的量是由所选路径的长短决定的，路径越长，信息素就会越少。当后面的蚂蚁在经过此路口时，会选择信息素较大的路径，忽略信息素较小的路径。这种行为导致较短路径上的信息素越来越多，而其他路径上的信息素会慢慢减少直至消失，整个蚁群借此找到最优的路径。

根据蚁群算法中信息素的基本思想，以飞机维修排故信息初始本体为基础，提出了基于蚁群信息素的本体合成优化算法。

结合维修排故本体信息建模的特点，引入局部信息素更新策略，提出了适用于本体合成优化的本体合成信息素。本体合成信息素 τ 表示的是相同 s 和 o 的不同谓语 p 的比率变化，本体合成信息素可以由式 (6.15) 计算得到。

$$\tau(0) = \rho\,(0 \leqslant \rho \leqslant 1)$$

$$\tau(k+1) = (1-\rho) \cdot \tau(k) + \rho \cdot \eta$$

$$\eta = \begin{cases} \dfrac{v_k}{u_k}, & \text{若第}k\text{个声明与其他声明有相同的与}o \\ 0, & \text{否则} \end{cases} \tag{6.15}$$

其中，$\tau(0)$ 为初始信息素的值；$\tau(k)$ 为第 k 个声明的信息素的值；ρ 为信息素的挥发系数。为了避免信息的无限累积，设定挥发系数 ρ 的取值范围为 $[0,1]$。

在计算得出认可度 r 值后，设置阈值 ε，当 $r > \varepsilon$ 时，声明 (s, p, o) 才会被选中到最终本体中。阈值 ε 的取值范围为 $(0.5, 1)$，当阈值 ε 越大时，生成的最终本体将会越准确。对于 s 和 o 相同、p 不同的声明，如果有多个声明的认可度值满足 $r > \varepsilon$，将选取认可度值较大的声明。最终本体中只保留 s、p 和 o，不保留认可度 r。算法的流程如图 6.17 所示。

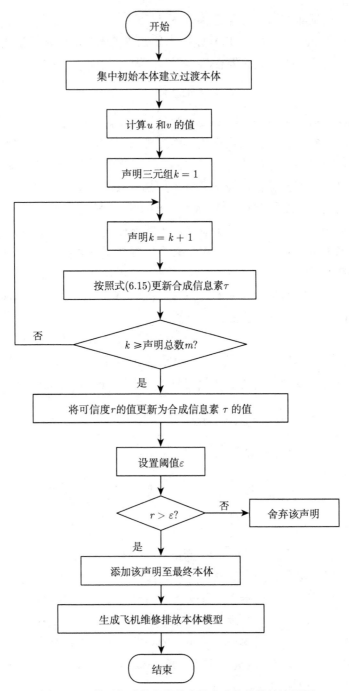

图 6.17　基于蚁群信息素的本体合成优化算法流程图

6.2.4 实例

以某型飞机气源系统故障隔离手册 (简称 AS-FIM) 和维修手册 (简称 AS-AMM) 的集成为例,首先对某型飞机气源系统的故障隔离手册和维修手册进行分析,对其中的信息进行概念描述及层次划分,结果如表 6.5 所示。在上述分析的基础上,采用 Protégé 软件进行维修排故信息本体建模。通过收集 8 个维修排故初始本体,将其转化为 RDF 结构,并运用基于蚁群信息素的本体合成优化算法进行最终维修排故本体生成,最终的本体基本结构如图 6.18 所示。

表 6.5 气源系统维修排故信息概念描述及层次划分

知识域	类	子类	意义
AS-FIM	FIM_Task	FIM_task_num	故障隔离手册任务号
		Possible_Reason	可能的原因
		Procedure	故障隔离程序
	EICASCode		EICAS 故障代码
	Maintenance_Information		维修信息
AS-AMM	AMM_Task	AMM_Task_num	维修手册主任务号
		SubTask	子任务
	Button_Position		按钮位置
	ConsumablesPart		消耗品零件
	PositionCover	Position_num	位置号

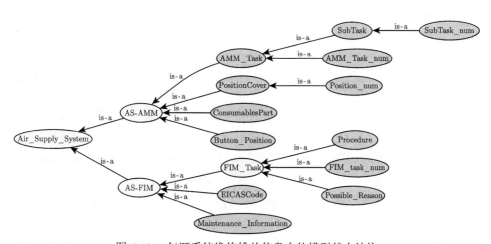

图 6.18 气源系统维修排故信息本体模型基本结构

在维修排故本体模型中,准确丰富的语义关系是描述信息之间关联性的基础。气源系统维修排故本体的关系如图 6.19 所示,本体关系由表 6.6 进行具体说明。

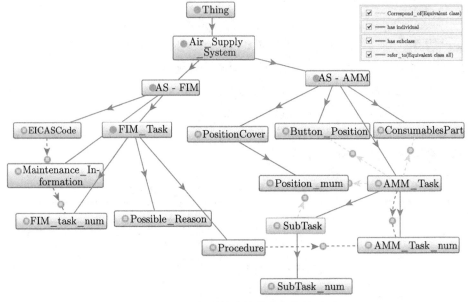

图 6.19　气源系统维修排故本体关系图

表 6.6　气源系统维修排故本体关系说明

关联	基数约束	含义	示例
is-a	$1:n$	子类关系	PositionCover → AMM
Part of	$1:n$	手册包含部分 (继承属性)	Task num → task
Correspond of	$1:1$	各部分间的对应关系	EICAS → maintenance infor
Refer to	$1:1$	各部分参考引用关系 (单向性)	Procedure → task num
Expand of	$1:n$	对各任务的详细说明部分	Procedure → reason

　　下面利用 Protégé 软件验证本体语义关系的完整性。输入关键词 "Procedure" 作为条件，可以得到关系查询结果，如图 6.20 所示。由图可知，结果中包含了与 "Procedure" 有关的父类 (super classes)、同类 (equivalent classes)、子类 (subclasses)、子孙类 (descendant classes)、祖先类 (ancestor classes) 和个体 (individuals) 信息。"Procedure" 的父类信息为：AS-AMM、AS-FIM、Air_Supply_System、FIM_Task；同类信息为：AMM_Task、SubTask；子类信息为：AMM_Task_num、SubTask_num；子孙类信息为：AMM_Task_num、SubTask_num；个体信息不存在。将这些关联关系与表 6.5 中分析得到的结果进行比较，可以发现关系查询结果中包含了所有的关系，从而证明了上述基于本体与蚁群的信息集成方法能够描述出信息之间完整的关联关系。

图 6.20   气源系统维修排故本体关系查询结果

6.3   基于 TFM 三维信息流模型的诊断排故算法

TFM 三维信息流模型的建立是为了实现未知新故障的故障诊断，并根据手册信息进行维修以排除故障。在建立 TFM 三维信息流模型的基础上，为实现综合的、智能的维修排故，进一步建立基于 TFM 三维信息流模型的诊断推理算法和排故信息推送算法。

6.3.1   基于优化信息熵的故障诊断算法

测试-故障二维信息模型的核心为 TF 矩阵，它表示测试信息 T 和故障信息 F 之间的二维相关关系，对 TF 矩阵采用合理的方法进行正确的处理可以获得定位新故障的最优测试方法和精确的故障诊断结果。为了准确提取测试-故障矩阵中的相关信息，本章在测试-故障关联矩阵的基础上，研究给出基于优化信息熵的故障诊断算法。

1. 信息熵的概念

1854 年，Clausius 提出熵 (entropy) 的概念，1948 年，Shannon 将熵引入信息领域，提出了信息熵的概念 [242,243]。

对于一个离散的随机变量 X，如果它有 n 个取值，出现的概率为 p_i，其中 i 的取值为 $1, 2, 3, \cdots, n$。满足以下条件：$P\{X = x_i\} = p_i$，$0 \leqslant p_i < 1$，$\sum\limits_{i=1}^{n} p_i = 1$。

信息熵可以定义为

$$H(X) = H(p_1, p_2, p_3, \cdots, p_n) = -k \sum_{i=1}^{n} p_i \log_2(p_i) \tag{6.16}$$

其中，k 为常数，一般取为 1。一般情况下，对数的底数取为 2。

假设一个连续变量为 X，它的概念密度分布函数为 $f(x)$，那么它的信息熵计算式为

$$H(X) = H(f) = -k \int f(x) \log_2[f(x)] \, \mathrm{d}x \tag{6.17}$$

信息熵作为衡量变量信息量大小的标准，具有下面五个基本性质 [243]。

(1) 对称性。信息熵的对称性是指信息熵函数中的变量变化顺序后，信息熵的大小不变。

(2) 非负性。信息熵的值恒大于等于 0。等于 0 在 $p_i = 1$ 的情况下成立。

(3) 上凸性。熵函数 $H(X)$ 是一个上凸函数。

(4) 可加性。信息熵可以进行互相叠加。

(5) 极值性。$H(X) = H(p_1, p_2, p_3, \cdots, p_n) \leqslant \log_2 n$。当 $p_i = \dfrac{1}{n}$ 时，等号成立，此时信息熵值最大。

2. 基于优化信息熵的诊断算法

在测试-故障 TF 矩阵的基础上，为了能够获得较优的测试诊断策略和精准的故障诊断结果，将采用优化信息熵算法对 TF 矩阵进行处理。算法的基本步骤如下。

第一步：计算 TF 矩阵的全局信息熵。

全局信息熵是对 TF 矩阵进行分割计算的依据，主要考虑的是测试包含的信息总量大小。

全局信息熵的计算公式为

$$H(t_m) = -\sum_{k=1}^{d} \left(\frac{N_m^1}{l} \log_2 \frac{N_m^1}{l} + \frac{N_m^0}{l} \log_2 \frac{N_m^0}{l} \right)_k \tag{6.18}$$

其中，d 为进行分割后的矩阵数目，$d \leqslant 2^p$，p 为已经选择出的测试数目；l 为测试-故障关联矩阵的故障模式数目；N_m^1 和 N_m^0 分别为矩阵列向量 t_m 中元素为 1 和元素为 0 的个数。比较每一行所计算出的信息熵的大小，得出 $\max H(t_m)$，并选择第一测试项。

第二步：计算分割后的局部信息熵。

在得出 $\max H(t_m)$ 后，对 TF 矩阵进行分割，分为 TF_n^0 和 TF_n^1，运用局部信息熵算法公式计算局部信息熵 $H'(t_m)$。

局部信息熵算法公式为

$$H'(t_m) = -\left(\frac{N_m^1}{l} \log_2 \frac{N_m^1}{l} + \frac{N_m^0}{l} \log_2 \frac{N_m^0}{l} \right) \tag{6.19}$$

由式 (6.19) 计算得到所有局部信息熵后，比较它们的大小，找出最大的局部信息熵，记为 $\max H'(t_m)$。

第三步：判断 $\max H(t_m)$ 和 $\max H'(t_m)$ 之间的关系。

(1) $\max[H(t_m)] = \sum\limits_{n=1}^{d} \max\left[H'(t_m)_n \right]$，表示全局信息熵的值等于所有最大局部信息熵的和，此时选取 t_m 项来对 TF 矩阵进行分割。

(2) $\max[H(t_m)] = \sum\limits_{z=1}^{c} \max\left[H'(t_m)_z \right] + \sum\limits_{n=1}^{d-c} H'(t_m)_n$，其中，$1 \leqslant c < d$，表示最大全局信息熵等于 c 个局部最大熵与 $d-c$ 个局部信息熵的和，此时，选取 t_m 和 $\bigcup\limits_{m=1}^{d-c} \max H'(t_m)_n$ 对 TF 矩阵进行分割。

(3) $\max[H(t_m)] = \sum\limits_{n=1}^{d} H'(t_m)_n$，表示任意的局部最大信息熵都不是全局最大信息熵，此时选取 $\bigcup\limits_{m=1}^{d} \max H'(t_m)_n$ 对 TF 矩阵进行分割。

第四步：重复上述步骤，当测试-故障矩阵中所有的 F 元素全是单行矩阵时结束算法，输出结果以诊断树的形式表示。

3. 实例

基于信息熵的诊断树生成算法，对某型飞机发动机引气系统 TF 矩阵进行计算 (表 6.7)。

表 6.7　某型飞机发动机引气系统 TF 矩阵

测试	F_1	F_2	F_3	F_4	F_5	F_6	F_7	F_8	F_9
T_1	0	1	0	0	0	0	0	0	0
T_2	0	1	1	0	0	0	0	1	0
T_3	0	1	1	1	0	0	1	1	1
T_4	0	1	1	0	1	0	1	1	1
T_5	0	1	1	1	1	1	1	1	1
T_6	0	0	0	0	0	0	1	0	0
T_7	0	0	0	0	0	0	0	1	0
T_8	0	0	0	0	0	0	0	1	1

(1) 用式 (6.18) 计算 TF 矩阵全局信息熵。例如，$H(t_1) = -\sum_{k=1}^{1}\left(\frac{1}{9}\log_2\frac{1}{9} + \frac{8}{9}\log_2\frac{8}{9}\right)_1 = 0.503$。依次计算比较每个测试行的 $H(t)$ 的值，可以得到 $\max H(t) = H(t_2) = H(t_3) = H(t_4) = 0.920$，这里选取测试 T_3 作为第一测试。

(2) 经过测试 T_3 可以将矩阵分为两组，分别为 TF_n^0 和 TF_n^1，对应的故障集合为 $\{F_0, F_4, F_5\}$ 和 $\{F_1, F_2, F_3, F_6, F_7, F_8\}$。用式 (6.19) 计算各自矩阵的局部信息熵可以得到 TF_n^0 内的计算结果如下：$H'(t_1) = 0$，$H'(t_2) = 0$，$H'(t_4) = 0.918$，$H'(t_5) = 0.918$，$H'(t_6) = 0$，$H'(t_7) = 0$，$H'(t_8) = 0$；TF_n^1 矩阵内结果为：$H'(t_1) = 0.65$，$H'(t_2) = 1$，$H'(t_4) = 0.65$，$H'(t_5) = 0$，$H'(t_6) = 0.65$，$H'(t_7) = 0.65$，$H'(t_8) = 0.65$。再用式 (6.18) 分别计算 TF_n^0 和 TF_n^1 的全局信息熵。通过比较 $\max H(t_m)$ 和 $\max H'(t_m)$，可以知道符合第三种情况，所以可以推断对 TF_n^0 采用测试项 T_5，对 TF_n^1 采用测试项 T_2。以此类推，按照优化信息熵的算法步骤进行计算，可以得到最终的结果如图 6.21 所示。

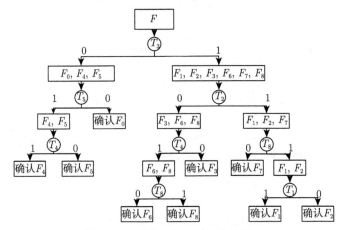

图 6.21　基于优化信息熵的诊断树

6.3.2　基于模糊遗传神经网络与语义关联搜索的排故信息推送算法

信息的获取是维修排故过程中必不可少的阶段，在对未知的故障进行诊断推理，确定可能的故障原因后，需要结合故障隔离手册和维修手册等定位故障，并获得相应的维修排故指导信息。对于已知的故障，可以直接通过查阅手册来定位故障源，获得维修排故指导信息。为了节约维修排故的时间，提高维修排故效率，在故障-维修二维信息映射模型的基础上，给出基于模糊遗传神经网络和语义关联搜索的排故信息推送算法。

信息推送技术是信息源根据用户的要求将信息通过某种传递方式自动传递给用户的技术，也称为 Push 技术，属于网络技术的一种 [244]。信息推送技术已经经历了几年的发展，并逐渐在信息领域展现出了及时性强、主动性好和对用户要求低等优点。首先，通过信息推送技术，用户不需要全程参与信息的获取过程，推送算法会根据用户的要求自动推送其需要的信息，大大节约用户的时间。第二，在信息自动推送的过程中，用户属于被服务对象，不需要任何的专业知识背景，也不需要用户掌握特定的信息检索技术。

由于发展时间较短以及其他技术的限制，信息推送技术在实际的应用过程中仍存在一些需要解决的问题，其中较为关键的就是如何建立用户的动态变化模型，以及如何预测用户的下一步行为。将采用神经网络来解决这一问题，然后利用改进遗传算法来进行全局最优搜索。另外，针对维修排故过程中故障信息的不确定性，将采用模糊理论来解决实际过程中的不确定性问题。

6.3.3　语义关联搜索算法

语义关联搜索算法是基于语义关联关系的信息搜索算法，与一般的信息搜索算法相比，它的优势是不仅可以搜索到与用户的请求匹配的信息，还能够搜索到与用户请求有关联的其他相关信息 [245]。例如，通过查询 "本体"，关联搜索算法可以搜索到与本体相关的论文、著作、学者等各种信息，而一般的搜索算法只能搜索到与 "本体" 有直接语义联系的信息。在维修排故过程中，维修人员用故障关键词进行搜索时，不仅仅想知道与该故障有直接语义关系的维修信息，还想知道与故障相关的故障发生概率、故障记录、维修记录等相关的其他信息。因此，采用关联搜索算法来实现维修排故信息的检索。

在本体中，语义关联关系分为本体内语义关联关系以及本体之间语义关联关系。本体内语义关联关系是指同一个本体内，概念之间通过属性或函数进行的直接关联。本体之间的语义关联关系是通过本体映射方法获取的不同本体中的概念之间的关联关系。关联关系不仅存在于概念之间，同时存在于本体实例之间。

查找与概念实例 X 相关的概念实例关联搜索算法的基本步骤如下。

第一步：设置关联度数 $R = \lambda$，结果集合为 V。关联度越大，表示算法搜索的遍历深度越大，此时搜索得到的结果就越多。但是当关联度太大时，检索结果中会存在过多无效结果，影响整体的检索效果。根据研究表明，关联度的上限为 6 最为合适 [245]。

第二步：$R = R - 1$，当 $R = -1$ 时，结束算法；$R \neq -1$ 时，进行第三步。

第三步：令 $V = V + \{X\}$，寻找与 X 有关联的且不在集合 V 中的节点 X_i；如果存在 X_i，令 $X = X_i$，转到第二步；如果不存在，则结束算法。

6.3.4　排故信息推送的实现流程

针对每个故障，采用基于模糊神经网络与遗传算法的动态预测算法建立对应的动态模型，根据故障原因等信息进行排故信息的自动推送 [236]，具体流程如下。

(1) 收集单个故障相关的信息，包括排故经验和历史维修流程等，然后采用基于模糊神经网络与遗传算法的动态预测算法建立排故信息学习的动态预测模型，并根据维修人员排故情况的变化进行更新。

(2) 将过滤后的排故信息根据维修人员的需求特征推送给维修人员。

(3) 维修人员对接收到的系统自动推送的排故信息进行评价后反馈到动态预测模型中，从而实现模型的不断更新与优化。

维修信息推送流程见图 6.22。

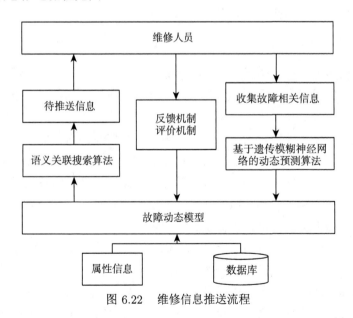

图 6.22　维修信息推送流程

第 7 章　基于测试诊断模型的飞机系统故障状态识别和故障预测

　　故障预测是测试诊断技术发展的最高阶段，它通过先进的传感器和测试技术获取系统性能相关的实时测试信息，通过测试信息识别系统当前的健康状态，并根据故障预测算法计算系统或组件的剩余使用寿命。出于对飞机系统可靠性和经济性的综合考虑，故障预测技术在飞机系统上得到越来越多的重视和应用，已经成为飞机设计和使用的一个重要环节，是飞机故障诊断体系的主要发展方向。通过对飞机系统进行故障预测，可以在故障发生时对部件进行维修和更换，大幅降低飞机的使用和维护费用。传感器布局和测试信息获取是实现故障预测技术的前提，因此故障预测离不开测试性技术的支持，在测试性设计阶段考虑系统的故障预测能力，获取更多的故障和预测信息有利于提高系统全寿命周期的可靠性。针对这种情况，第 4 章对故障的可预测属性进行了定义，对同一故障模式的不同故障状态进行了划分，使测试诊断模型能支持故障状态的识别和预测。本章给出故障特征和相应的测试点提取方法，根据第 4 章诊断策略进行测试诊断得到系统当前的测试数据，考虑到隐半马尔可夫模型 (HSMM) 状态分类能力强的优点，给出基于改进 HSMM 的故障状态识别和故障动态预测方法，并将它用于某型飞机引气系统的故障状态评估过程中，通过测试数据的采集和分析可以实现对系统具体故障状态的正确识别和有效评估，并预测系统的剩余使用寿命，对于预防飞机系统运行状态的恶化和指导视情维修极具指导意义。

7.1　故障特征提取方法

　　由于飞机系统的结构复杂，当某个部件发生故障时，系统的某些信号 (如振动、噪声等) 通过传感器变成电信号时会产生大量的非稳态信号 [246]。通过这些原始信号直接对系统的状态进行评估分析难度很大，需要采用一定的方法对其进行特征提取和后续处理，从中提取出对系统故障反应敏感的参数信息。这就是测试数据的故障特征提取问题。

　　在故障诊断中，故障特征的提取方法种类繁多且各有特点，适用于不同的场合。常用的方法有时域分析、频域分析、联合时-频域分析等 [247]。这些方法都是运用现代的信号分析和数据处理方法将采样时间序列转为能够表达故障状态的特征量，通过特征分析找到系统状态与特征量之间的关系，把有效的故障征兆的特征信息和无关的特征信息分离开。在实际的研究和应用中，特征提取方法的选取应取决于对象系统的具体故障，提取规律性强且对故障反应最敏感的特征量。

7.2　基于 HSMM 的故障状态识别和故障预测

7.2.1　隐马尔可夫模型和隐半马尔可夫模型的原理

1. 隐马尔可夫模型的原理

隐马尔可夫模型 (hidden Markov model，HMM) 是在马尔可夫链 (Markov chain，MC) 的基础上发展而来的一个双重随机过程：一个随机过程是指具有有限状态数量的马尔可夫链中状态的转移，另一个随机过程表示的是每个状态和观测值之间的概率关系 [248]。

马尔可夫链是一个状态序列，其中每个状态的发生概率只和它的前一事件相关。这就表示 HMM 模型中的每个真实状态都是一个隐含量，无法被直接观察，只能通过对数据的处理与分析来推断相应的状态。系统的许多故障状态也是无法直接观测到的，我们可以利用传感器技术得到系统的状态信息，通过对这些信息进行处理和分析进而推断系统的健康状态。因此 HMM 模型可以适用于系统的故障状态监测、识别与预测领域。

根据 HMM 的相关定义，HMM 具体可以描述为

$$\lambda = (\pi, A, B, N, M) \tag{7.1}$$

其中，π 为初始状态概率的分布，$\pi = (\pi_1, \pi_2, \pi_3, \cdots, \pi_N)$，$\pi_i = P(H_1 = i), 1 \leqslant i \leqslant N$；$A$ 为状态转移概率矩阵，$A = \{a_{ij}\}$，$a_{ij} = P(H_{t+1} = j \mid H_t = i), 1 \leqslant i, j \leqslant N$；$B$ 为观测值的概率分布矩阵，$B = \{b_j(O_t)\}, b_j(O_t) = P(O_t = v_k \mid q_t = j)$；$N$ 为马尔可夫链中状态的数量，由于状态是隐藏的，我们利用物理信号描述模型的状态；H_t 为 t 时刻的状态；M 为每个状态所对应的观测值数量；o_t 为 t 时刻的观测值。

HMM 的原理图如图 7.1 所示。

在传统隐马尔可夫模型中，在某一状态停留一定时间 d 的概率用概率密度函数表示为

$$P_i(d) = a_i^{d-1}(1 - a_{ij}) \tag{7.2}$$

其中，$P_i(d)$ 为系统在状态 i 停留 d 时间的概率；a_{ij} 为系统停留在状态 i 的概率，则 $1 - a_{ij}$ 为系统从状态 i 转移到下一个状态的概率。

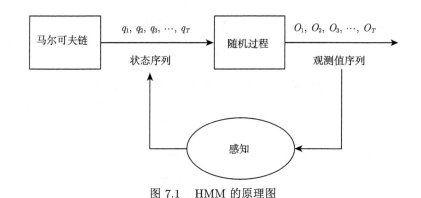

图 7.1　HMM 的原理图

从式 (7.2) 中可以看到这个概率随着时间的增长会出现指数下降的情况，这与大部分系统故障发展的实际状况是不符合的。因此 HMM 在很多情况下无法合理描述故障状态的停留时间，这一缺陷也是 HMM 在故障预测中存在的主要问题。

2. 隐半马尔可夫模型的原理

隐半马尔可夫模型 (HSMM) 在传统的 HMM 基础上进行了扩展，相比传统 HMM 更加注重故障发展和演化过程，在 HMM 的原参数上定义了状态驻留概率分布参数 $P_i(d)$，使模型能通过自主学习确定该分布情况，不仅保持了 HMM 状态识别能力强的优点，而且克服了 HMM 不能合理描述状态驻留概率的不足，更加适用于系统的状态识别和预测[249]。如图 7.2 所示，HSMM 中每一个状态代表了一个片段 (segment) 的观测值，可定义为宏观状态，每个宏观状态又是由多个单一状态组成的，将这些单一状态定义为微观状态。

假设有一个 HSMM 中存在 n 个宏观状态，q_i 表示第 i 个宏观状态的时间索引。第 i 个宏观状态的观测值为 $O_{q_{i-1}}, \cdots, O_{q_i}$，这些观测值都具有相同的宏观状态标签，表示为

$$S_{q_{i-1}+1} = S_{q_{i-1}+2} = \cdots = S_{q_i} = h_i \tag{7.3}$$

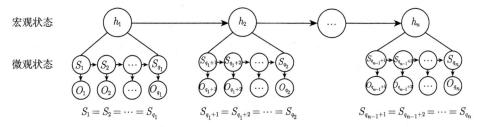

图 7.2　SMM 中各个定义的关系

根据 HSMM 的相关定义，HSMM 具体可以描述为

$$\lambda = (\pi, A, B, D, N, M) \tag{7.4}$$

其中，D 为状态驻留时间概率分布。在 HSMM 中，宏观状态的转移 $h_{q_{i-1}} \to h_{q_i}$ 是符合马尔可夫过程的，$P(h_{q_i} = j \mid h_{q_{i-1}} = i) = a_{ij}$。而微观状态之间的转移 $S_{t-1} \to S_t$ 并不符合，所以该模型被称为隐半马尔可夫模型。

7.2.2　HSMM 的基本算法

HSMM 在建模过程中需要解决以下三个问题。

(1) HSMM 的评估问题：对于确定的模型参数 $\lambda = (\pi, A, B, D, N, M)$ 和观测序列 $O = (O_1, O_2, O_3, \cdots, O_T)$，求观测序列出现的概率 $P(O \mid \lambda)$ 为多少。

(2) HSMM 的识别问题：对于确定的模型参数 $\lambda = (\pi, A, B, D, N, M)$ 和观测序列 $O = (O_1, O_2, O_3, \cdots, O_T)$，考虑如何用一个最优的状态序列来合理地描述模型产生这一观测序列的情况。

(3) HSMM 的训练问题：对于确定的观测序列 $O = (O_1, O_2, O_3, \cdots, O_T)$，如何调整当前模型的参数 $\lambda = (\pi, A, B, D, N, M)$，使得观测序列 O 的条件出现概率 $P(O \mid \lambda)$ 取得最大值，即 HSMM 的参数估计问题。

对于 HSMM 的评估问题，目前一般都是用前向-后向 (forward-backward) 算法进行求解。HSMM 的识别目的是找出最优的状态序列，通过维特比 (Viterbi) 算法可以得到比较准确的结果。HSMM 的参数估计是利用 HSMM 求解中非常重要的环节，也是目前最难以解决的问题，通常用的是鲍姆-韦尔奇 (Baum-Welch) 算法，通过不断迭代来调整模型的参数，实现 $P(O \mid \lambda)$ 的最大化，但是该算法存在容易收敛于局部极值的缺陷 [250,251]。下面对前向-后向算法和 Baum-Welch 算法进行介绍。

1) 前向-后向算法

对于 HSMM 根据前向-后向算法首先定义一个前向变量：

$$\alpha_i(t) = P(O_1 O_2 \cdots O_t \mid \lambda) \tag{7.5}$$

表示在 t 时刻产生观测值 $(O_1 O_2 \cdots O_t)$ 并于状态 i 停止的概率。

假设 $(O_1 O_2 \cdots O_{t-d})$ 表示在 $t - d$ 时刻于状态 i 停止而产生的一组观测变量，$(O_{t-d} O_{t-d+1} \cdots O_t)$ 表示将在 t 时刻于状态 j 停止而产生的一组观测变量，把 $t - d$ 时刻的所有状态和这些状态的可能持续时间相加，可以得到

$$\alpha_t(i) = \sum_{i=1}^{N} \sum_{d=1}^{D} \alpha_{t-d}(i) a_{ij} P_j(d) b_j(O_{t-d+1}^t) \tag{7.6}$$

其中，D 为每个状态可能持续的最大时间；$b_j(O_{t-d+1}^t)$ 为 $O_{t-d}O_{t-d+1}\cdots O_t$ 的累加密度。对于确定模型参数 λ，产生观测序列 O 的概率为

$$P(O \mid \lambda) = \sum_{i=1}^{N} \alpha_T(i) \tag{7.7}$$

与前向变量类似，后向变量可表示为

$$\beta_t(i) = \sum_{j=1}^{N} \sum_{d=1}^{D} \beta_{t+d}(j)\alpha_{ij}P_j(d)b_j(O_{t+1}^{t+d}) \tag{7.8}$$

2) Baum-Welch 算法

Baum-Welch 算法是最大期望值 (expectation-maximization，EM) 算法的一个特例，属于极大似然准则的一个应用，首先要得到当前的 HSMM 和过去 HSMM 模型参数之间的函数关系，然后用过去的 HSMM 模型参数对当前模型参数进行不断修正，直到模型参数的变化小于设定的收敛误差，训练成功，得到一个局部最优的模型参数。

根据前向-后向算法的式 (7.6) 和式 (7.8) 可以得到

$$P(O \mid \lambda) = \sum_{i=1}^{N} \sum_{j=1}^{N} \sum_{d=1}^{t} \alpha_{t-d}(i)\alpha_{ij}P_{j(d)} \prod_{s=t-d+1}^{t} b_j(O_s)\beta_{(t)}(j) \tag{7.9}$$

根据模型参数求使 $P(O \mid \lambda)$ 最大，是一个泛函极值问题。根据 Baum-Welch 算法的思想，利用 $P(O \mid \lambda)$ 和 EM 算法对参数进行重估。

初始状态概率分布为

$$\overline{\pi}_i = \frac{\pi_i \left[\sum_{d=1}^{D} B_d(i)P_j(d) \prod_{s=1}^{d} b_j(O_s) \right]}{P(O \mid \lambda)} \tag{7.10}$$

其中，$\overline{\pi}_i$ 为初始状态概率的重估值。

$$\overline{a}_{ij} = \frac{\sum_{t=1}^{T} \xi_t(i,j)}{\sum_{t=1}^{T} \sum_{i=1}^{N} \sum_{j=1}^{N} \xi_t(i,j)} \tag{7.11}$$

$$\xi_t(i,j) = \frac{\alpha_t(i)\alpha_{ij} \sum_{d=1}^{t} \beta_{t+d}(j)P_j(d) \prod_{s=t+1}^{t+d} b_j(O_s)}{\beta_0} \tag{7.12}$$

其中，$\overline{a}_{ij}$ 为状态转移概率的重估值；式 (7.11) 的分子 $\sum\limits_{t=1}^{T} \xi_t(i,j)$ 为状态 i 到 j 的

转移的期望次数，分母 $\sum\limits_{t=1}^{T} \sum\limits_{i=1}^{N} \sum\limits_{j=1}^{N} \xi_t(i,j)$ 为状态 i 发生转移的总期望次数；$\xi_t(i,j)$

为模型从状态 i 驻留 d 时间后转移到状态 j 的概率。

观测值概率密度函数 $b_j(O_k)$：

$$b_j(\overline{O}_k) = \sum_{g=1}^{G} \omega_{jg} b_j(O_k) = \sum_{g=1}^{G} \omega_{jg} N(O_k, \mu_{jg}, \sigma_{jg}^2) \tag{7.13}$$

其中，$b_j(\overline{O}_k)$ 为观测值概率密度函数的重估值；$N(O_k, \mu_{jg}, \sigma_{jg}^2)$ 为多元混合高斯概率密度函数；μ_{jg} 和 σ_{jg}^2 分别为均值和方差；ω_{jg} 为状态 j 下第 g 个混合元的权重。观测值概率密度函数的重估值 $b_j(O_k)$ 可以分别对权重 ω_{jg}、均值 μ_{jg}、方差 σ_{jg}^2 进行重估得到，分别表示为

$$\overline{\omega}_{jg} = \frac{\sum\limits_{t=1}^{T} \sum\limits_{d=1}^{t-1} \gamma_t^d(j,g)}{\sum\limits_{g=1}^{G} \sum\limits_{t=1}^{T} \sum\limits_{d=1}^{t-1} \gamma_t^d(j,g)} \tag{7.14}$$

$$\overline{\mu}_{jg} = \frac{\sum\limits_{t=1}^{T} \sum\limits_{d=1}^{t-1} \gamma_t^d(j,g) \sum\limits_{s=t-d+1}^{t} O_s}{\sum\limits_{t=1}^{T} \sum\limits_{d=1}^{t-1} \gamma_t^d(j,g)} \tag{7.15}$$

$$\overline{\sigma}_{jg}^2 = \frac{\sum\limits_{t=1}^{T} \sum\limits_{d=1}^{t-1} \gamma_t^d(j,g) \sum\limits_{s=t-d+1}^{t} (O_s - \mu_{jg})(O_s - \mu_{jg})^{\mathrm{T}}}{\sum\limits_{t=1}^{T} \sum\limits_{d=1}^{t-1} \gamma_t^d(j,g)} \tag{7.16}$$

其中，$\gamma_t^d(jg)$ 为观测序列在 t 时刻所处状态 j 时的第 g 个混合元的输出概率。采用单高斯概率密度函数来描述状态驻留时间函数的状态驻留分布概率，则 $P_i(d)$ 为

$$\overline{P}_i(d) = N(d, \mu_i, \sigma_i^2), \quad 1 \leqslant i \leqslant N, 1 \leqslant d \leqslant D \tag{7.17}$$

$$\overline{\mu}_i = \frac{\sum\limits_{t=1}^{T} \sum\limits_{t'=t}^{T} X_{t,t'}(i)(t'-t+1)}{\sum\limits_{t=1}^{T} \sum\limits_{t'=t}^{T} X_{t,t'}(i)} \tag{7.18}$$

$$\bar{\sigma}_i^2 = \frac{\sum\limits_{t=1}^{T}\sum\limits_{t'=t}^{T} X_{t,t'}(i)(t'-t+1)^2}{\sum\limits_{t=1}^{T}\sum\limits_{t'=t}^{T} X_{t,t'}(i)} - (\bar{\mu}_i)^2 \tag{7.19}$$

其中，$X_{t,t'}(i)$ 为定义的一个中间变量；μ_i 为高斯分布的均值；σ_i^2 为方差。

通过上述算法对输入的初始参数进行重复迭代，直到模型参数的变化小于设定的收敛误差，得到所求的 HSMM 模型。

7.2.3 基于 HSMM 的故障状态识别过程

在大多数的故障发生过程中，系统从正常到完全失去功能并不是瞬间发生的，它会经历一系列不同的故障状态，最终到达完全故障状态。所以可以将系统的故障发展过程分解为若干个故障状态，如图 7.3 所示，正常、故障状态 1、故障状态 2……故障状态 N(N 的大小取决于具体的对象系统和故障模式)。不同的故障状态之间存在逐步转移的关系，且故障状态是隐藏的，必须通过采集的测试数据来确定具体的状态，因此我们用马尔可夫链来描述故障的转化过程。

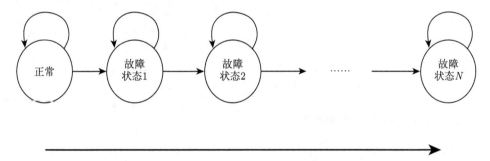

图 7.3　系统故障状态发展过程

系统的故障状态识别过程是采用传感器技术得到当前系统运行的特征信息，以此判断系统目前所处的故障状态，利用 HSMM 强大的状态分类能力可以对系统的故障状态进行有效识别。图 7.4 为基于 HSMM 的系统故障状态识别过程。

基于 HSMM 的故障状态识别主要分为模型训练和故障状态判断两步，模型训练将不同故障状态的特征信息历史数据作为 HSMM 的输入量，并应用一定的算法对模型进行训练，得到系统不同故障状态的 HSMM 模型，建立用于状态分类的模型库。然后采用传感器技术得到当前系统运行的特征信息数据，输入到状态分类器进行状态匹配，分别计算当前观测量的最大似然率，即隶属于不同状态模型下的概率，其中输出概率最大的即为系统的故障状态。

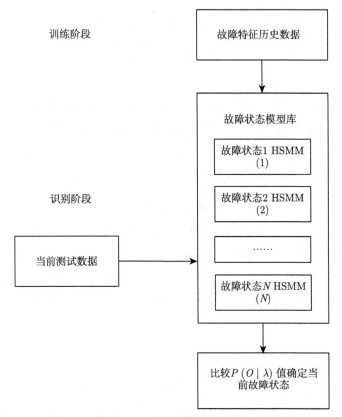

图 7.4　基于 HSMM 的系统故障状态识别过程

7.2.4　基于 HSMM 的故障预测过程

　　系统故障状态识别的目的就是明确系统目前故障的严重程度，进而预测系统故障未来的发展趋势，得到系统的剩余有效寿命。在 HSMM 中，我们可以利用当前故障状态识别结果和参数估计过程得到的故障状态驻留时间计算系统剩余使用寿命，预测故障的发展趋势。

　　假设系统从最初的正常状态到最终的完全故障会经历 N 个故障状态（$i = 1, 2, \cdots, n-1$）。如果 d_i 为系统在故障状态 i 的期望驻留时间，那么系统的剩余有效寿命等于停留在健康状态 i 的系统剩余驻留时间加上完全故障状态前的所有中间状态的驻留时间。

　　基于 $P_i(d)$ 的高斯分布的假设，根据参数估计得到的 $P_i(d)$ 的均值 μ_i 和方差 σ_i^2，可得系统状态 i 的剩余驻留时间 d_i^* 和每个状态的驻留时间。

$$d_i = \mu_i + \rho \sigma_i^2 \tag{7.20}$$

$$\rho = \left(T - \sum_{i=1}^{N} \mu_i \right) \bigg/ \sum_{i=1}^{N} \sigma_i^2 \tag{7.21}$$

$$d_i^* = P(i \mid v)d_i \tag{7.22}$$

其中，$P(i \mid v)$ 为观测量为 v、系统处于状态 i 的概率。所以系统剩余有效寿命的表达式可以表示为

$$\text{RUL} = d_i^* + \sum_{i=1}^{N} d_i \tag{7.23}$$

本节提出的方法可以用于计算系统的剩余有效寿命，从而实现对象系统的故障预测。实时故障预测的基本步骤如下。

第一步：根据包含系统所有故障状态的全寿命周期测试数据对 HSMM 进行模型参数估计，建立包含系统所有故障状态的 HSMM 模型，获得转移概率矩阵、故障状态驻留时间和方差等模型参数。

第二步：根据 7.2.3 节的方法把对象系统的实时测试数据输入到 HSMM 模型库进行故障状态识别。

第三步：在第二步识别故障状态为 i 后根据参数估计得到的 $P_i(d)$ 的均值 μ_i 和方差 σ_i^2，可得系统状态 i 的剩余驻留时间 d_i^* 和每个状态的驻留时间。

第四步：按照式 (7.23) 计算系统的剩余有效寿命，从而完成对系统的故障预测。

7.3 基于改进粒子群的 HSMM 模型训练方法

7.3.1 粒子群优化

粒子群优化 (PSO) 算法是由 Eberhart 和 Kennedy 受到飞鸟群体觅食的启发而提出的一种优化技术，目前已经过很多研究人员的研究和改进。粒子群优化的思想是通过种群中个体之间的信息交互和协作来寻找最优解，粒子所处的空间位置代表了优化问题的解，将粒子的空间位置代入优化函数可得到该解的适应值，适应值大小代表了该解的优劣程度。根据每个粒子目前找到的最优适应值和所有粒子的最优适应值来改变飞行速度和方向，通过不断的迭代计算找到适应值最好的空间位置。

在 PSO 算法中，假设种群中包含了 N 个粒子，其中第 i 个粒子在 L 维空间的位置为 $X_i = (x_i^1, x_i^2, \cdots, x_i^L)$，其飞翔速度表示为 $V_i = (v_i^1, v_i^2, \cdots, v_i^L)$，粒子个体当前的最优位置为 $P_i(t)$，全体粒子的当前最好位置为 $P_g(t)$。

标准 PSO 算法每次按式 (7.24) 和式 (7.25) 进行迭代优化：

$$V_i(t) = \omega(t)V_i(t-1) + c_1 r_1 \left[P_i(t-1) - X_i(t-1) \right] + c_2 r_2 \left[P_g(t-1) - X_i(t-1) \right] \tag{7.24}$$

$$X_i(t+1) = X_i(t) + V_i(t) \tag{7.25}$$

其中，t 为迭代的次数；$\omega(t)$ 为惯性权数用于平衡算法的探索和开发能力；c_1 和 c_2 为学习因子，代表了粒子向自身极值和全局极值推进的加速权值，通常取 0 到 2 之间的随机数，r_1 和 r_2 表示 0 到 1 之间的随机数。

粒子群算法的迭代终止条件可以由具体的应用和不同优化问题的具体要求确定，可以人为设定最大的迭代循环次数或者最大的函数评估次数，也可以使用算法求解得到一个可接受的解作为终止条件或者选择当算法在接下来的迭代中无法得到有效改善时终止迭代。

7.3.2　改进的粒子群算法

标准粒子群算法在计算过程中经常出现过早收敛于局部极值的问题。因为粒子群具有趋同性，当基本粒子群处于停滞进化时，粒子速度会更新困难，粒子出现聚集现象，只能在较小的范围内进行搜索，并收敛于局部最优，所以标准粒子群算法在达到一定精度之后很难再找到更优的解。

在粒子群算法的主要参数中，惯性权重 ω 是其最重要的参数，它对粒子群算法的性能有着巨大的影响。惯性权重取值较大有利于粒子群算法进行全局寻优，取值较小有利于局部寻优，提高搜索精度。因此在算法一开始会选取最大的惯性权重，然后逐渐减少，进行局部寻优，但是直接选用线性递减的惯性权重往往不适用于复杂问题的优化。所以本节采用非线性递减的指数函数描述惯性权重，在保证搜索精度的情况下提高算法的收敛能力。选取惯性权重的公式为

$$\omega(t) = \exp\left(\frac{-t}{\max t} \right) \tag{7.26}$$

其中，t 为当前迭代次数；$\max t$ 为最大迭代次数，由此可以实现惯性权重随迭代次数增加而逐渐变小的动态调整。

按指数递减的动态调整惯性权重变量 ω 引入标准粒子群优化算法中，得到了具有较强全局搜索能力的改进粒子群算法，7.3.3 节将介绍利用该算法对 HSMM 训练过程中使用到的 Baum-Welch 算法进行流程优化。

7.3.3 基于改进粒子群的 HSMM 模型训练算法

原始的 Baum-Welch 算法属于局部优化算法, 计算精度不高, 当模型参数的初始值选择不当时容易造成过早收敛于局部的最优值。所以考虑将改进的粒子群算法和原始的训练算法相结合, 使得 HSMM 训练算法更好地接近全局最优解。

改进后的 HSMM 模型训练算法思想如下: 先应用 Baum-Welch 算法对模型进行初始化参数估计, 然后将得到的 HSMM 参数作为改进粒子群算法中的粒子, 粒子位置的维数与 HSMM 的参数个数一致, 根据最优模型的度量指标选择目标函数, 这样就可以借助改进粒子群算法全局搜索能力强的优点对模型参数的训练过程实现优化。

基于改进粒子群的 HSMM 训练算法流程如下。

第一步: 设迭代次数 $t = 0$, 对每个粒子的位置和速度进行初始化, 并设定迭代终止条件。

第二步: 设定模型的初始参数, 利用样本数据和 Baum-Welch 算法进行 HSMM 参数估计, 把 Baum-Welch 算法得到的参数作为粒子群中的粒子的初始位置。

第三步: 通过 Viterbi 算法计算出 $P(O \mid \lambda)$ 并设置为新训练算法的适应度值。

第四步: 按照改进粒子群优化算法的公式更新每个粒子的局部和全局最优位置。

第五步: 判断上述参数估计是否达到要求, 如条件满足则终止, 否则 $t = t+1$, 重复第二步到第五步。

7.4 基于遗传模糊神经网络的动态预测算法

7.4.1 遗传算法

遗传算法是一种模拟自然界中遗传和变异机制的算法, 能够解决复杂的优化问题。它通过将复杂的结构采用编码技术来表示, 然后对这些编码进行优胜劣汰或者遗传的操作来实现确定寻优方向和学习指导的功能 [252]。基础遗传算法处理寻优问题的基本步骤如下。

第一步: 参数初始化。遗传算法处理寻优问题的首要步骤是对问题空间上的参数进行编码操作。

第二步: 初始化种群。种群越大时, 优化的选择范围会越广, 容易获得更好的结果, 但是种群如果越大, 算法的收敛速度就会越慢。因此需要结合经验和具体的情况选择合适的种群大小。

第三步：确定适应度函数。遗传算法对种群中个体的优劣性进行判断的依据是适应度函数，因此适应度函数的确定是遗传算法中重要的一环。对待优化问题的目标函数进行变形是得到适应度函数的常用方法。

第四步：进行选择、交叉或变异操作。

第五步：确定终止条件。一般情况下，终止条件有以下三种。①在算法开始时就预设一个值，当种群的平均适应度大于该预设值时，终止算法。②预设一个合适的适应度函数值，当种群经过操作后，出现大于或等于该函数值的个体时，终止算法。③设置最大的进化代数，当种群进化到这一代时，终止算法。

遗传算法在处理优化问题方面，具有如下优势：①遗传算法通过编码，可以对序列、矩阵、集合、表等对象进行直接操作。②遗传算法使用变迁规则对搜索过程进行指导，避免了"维数灾难"问题。③遗传算法使用的搜索策略为多点搜索策略，该策略可以对种群中的多个个体同时处理，而且还能对搜索空间中多个解的信息进行评估。这种策略可以降低遗传算法陷入局部最优的可能性。

同时，遗传算法也存在局部优化操作与收敛速率矛盾的缺陷，算法结果易陷入局部最优。针对此缺陷，有学者改进了遗传算法中的变异算子，改进后的变异算子可以增加算法收敛于全局最优解的可能性。改进后的变异概率 P_m 相应变化为

$$
P_m = \begin{cases} P_{\max} - k\dfrac{f - \overline{f}}{f_{\min} - \overline{f}}, & f \geqslant \overline{f} \\ P_{\max}, & f < \overline{f} \end{cases} \tag{7.27}
$$

其中，$P_{\max}$ 为最大的变异概率；k 为自然环境的扰动；f 为发生变异的个体的适应度值；$\overline{f}$ 为适应度的平均值；$f_{\max}$ 为种群最大的适应度。如果个体的适应度值大于或等于整个种群的期望适应度值，那么该个体就具有较强的适应度，发生变异的概率较小；反之，当个体的适应度值小于整个种群的期望适应度值，其适应度就越弱，发生变异的概率较大。

7.4.2　模糊神经网络

神经网络是一种模仿人的神经网络行为特征，进行分布式信息处理的数学模型。它由大量高度互连的神经元组成，神经网络可以像人一样通过一个例子来进行知识学习。

模糊理论是一种将模糊的现象或者事物通过模糊集合进行数学描述的数学理论。模糊理论的基本思想是：将一般集合中的"是"和"不是"关系进行扩展，使得集合中的元素与集合的关系从 0 和 1 这两个固定值扩充到区间 [0，1] 内的任意值，从而实现了对模糊概念的定量数学描述。

神经网络和模糊理论都属于人工智能算法，它们在理论上是类似的，但是在实际运用过程中又存在着各自的优势和不足 [253]。神经网络的优势主要有：①拥有自我适应和自我学习的能力；②具有较强的容错能力而且能够实现并行处理。神经网络的缺点是知识获取困难，对模糊的逻辑知识学习能力较差。模糊理论的优点有：①知识的表达自然，能够处理不确定信息；②可以用简单的运算来实现知识的模糊推理。其缺点是学习速度较慢。可以发现，神经网络和模糊理论在很多地方有关联性，而且对于各自的缺点具有互补性，因此，本节中将神经网络与模糊理论结合，利用模糊理论中的模糊函数来处理神经网络中自变量和因变量的映射关系问题，建立模糊神经网络模型。

维修人员在定位可能的故障原因后，需要针对此故障原因，结合历史的维修排故经验获取可能需要的维修排故信息。通过对故障进行分析，建立评价故障的相应指标，然后采用模糊理论模糊化处理指标的值，再对该值进行加权平均反模糊化处理，就能够得到故障的权值输出：

$$f(x \mid \omega) = \frac{\sum\limits_{i=1}^{k} \omega_i \alpha_i(x) V_i c_i}{\sum\limits_{i=1}^{k} \omega_i \alpha_i(x) V_i} \tag{7.28}$$

其中，ω_i 为规则权重；$\alpha_i(x)$ 为 x 的模糊度；V_i 为集合的容积；c_i 为集合权重。在计算权值的过程中，为了改善系统中的可变性规则，可以通过梯度下降法来调整权重的大小。

对于隐含单元的权值计算将利用神经网络的学习能力进行解决，具体实现方法是：以神经网络的总误差最小为目标，连续对权值进行调整。假设 M_k 表示隐含节点，I_k 表示输入节点，O_k 表示输出节点，ω_{ij} 为节点的权值，它们之间的关系可以表示为

$$M_k = F \left[\sum\limits_{i=1}^{k} \omega_{ij} \times I_k \right] \tag{7.29}$$

隐含层到输出层的权值矩阵 W 为

$$W = \frac{\partial E}{\partial \omega_{jk}} = \frac{\partial E}{\partial O_k} \times \frac{\partial O_k}{\partial \Sigma} \times \frac{\partial \left(\sum\limits_{j=1}^{k} \omega_{jk} \times M_k \right)}{\partial \omega_{jk}} \tag{7.30}$$

其中，网络误差 $E = \sum\limits_{n=1}^{k} |O(I_n) - t_n|^2$。

7.4.3　基于模糊神经网络与遗传算法的动态预测算法

利用遗传算法的全局最优搜索特性、模糊理论在处理非线性问题方面的优势以及神经网络的学习能力，提出了一种基于模糊神经网络与遗传算法的动态预测算法[254]，算法的流程如图 7.5 所示。图中，M 为每代种群中最大的个体数，G

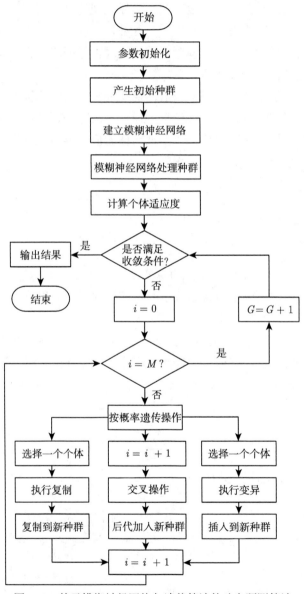

图 7.5　基于模糊神经网络与遗传算法的动态预测算法

为目前所处的代数。假设 X 为待运算的数据，其中包括了 1 个因变量和 n 个自变量，它们之间的关系为非线性关系。运行模糊理论中的模糊函数对因变量和自变量进行处理，得到它们之间的映射关系，在此关系的基础上建立神经网络。其中，神经网络的输入节点数为 n，隐含节点数需要根据样本的容量来确定。每个神经网络中仅有 1 个输出节点，采用遗传算法对输出值权值网络进行优化处理。

7.5　实　　例

选取了某发动机引气系统中压力调节关断活门 PRSOV 的开位故障来验证上述故障状态识别与预测方法的有效性。由分析可知，与压力调节关断活门 PRSOV 的开位故障关联的故障特征参数是 PRSOV 出口压力，因此把 PRSOV 出口压力作为 HSMM 的输入特征向量。将压力调节关断活门 PRSOV 的开位故障状态分为故障状态 0(开度 0°，正常状态)、故障状态 1(开度 60°，退化状态)、故障状态 2(开度 120°，恶化状态)、故障状态 3(开度 180°，完全故障状态) 四种状态。

7.5.1　故障状态识别

1. 初始参数设定

PRSOV 的开位故障可分为四种状态,因此选用四状态的马尔可夫链来描述其故障的发展过程,初始状态时系统处于正常状态,其状态初始概率分布可以表示为

$$\pi_a = [1, 0, 0, 0]$$

在故障状态的发展过程中，马尔可夫链中状态间的转移只能从当前故障状态转移到下一个故障状态或者保持当前故障状态。在初始参数设定中，我们假设各个故障状态之间的转移概率相等，则初始状态转移矩阵可以表示为

$$\boldsymbol{A}_0 = \begin{bmatrix} 0.5 & 0.5 & 0 & 0 \\ 0 & 0.5 & 0.5 & 0 \\ 0 & 0 & 0.5 & 0.5 \\ 0 & 0 & 0 & 0.5 \end{bmatrix}$$

观测值的概率密度函数和状态驻留分布概率 $P_i(d)$ 分别可以由式 (7.13) 和式 (7.17) 得到。

2. 模型训练

分别选取压力调节关断活门 PRSOV 四种不同故障状态下的压力信号样本，选取一定量的不同状态的数据样本分别作为 HSMM 的输入对模型进行训练，得到系统四个不同故障状态下的 HSMM，作为后面故障状态识别的分类器，从四种故障状态中各选取若干组的样本数据作为故障状态识别的样本。具体的训练和测试样本数量如表 7.1 所示。

表 7.1　PRSOV 的 HSMM 训练和测试的样本数量

故障状态	故障状态 0 (正常状态)		故障状态 1 (退化状态)		故障状态 2 (恶化状态)		故障状态 3 (完全故障状态)	
	训练	测试	训练	测试	训练	测试	训练	测试
样本数量	10	2	12	2	12	2	10	2

为了证明本章算法的优化效果，分别利用原始的 Baum-Welch 算法和基于改进粒子群算法的训练方法对 HSMM 进行训练，设定训练过程中最大迭代步数为 50，算法的收敛误差为 0.0001。两种训练方法的收敛过程分别如图 7.6 和图 7.7 所示。

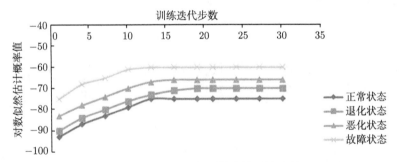

图 7.6　Baum-Welch 算法的训练过程

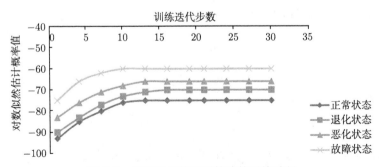

图 7.7　基于改进粒子群算法的训练过程

图 7.6 和图 7.7 中纵坐标表示四种故障状态的对数似然估计概率值，横坐标表示训练迭代的步数。从图 7.6 和图 7.7 中可以看出 Baum-Welch 算法和基于改进粒子群算法的训练方法的迭代曲线都可以达到训练时设定的误差标准，但是基于粒子群算法的训练方法比起 Baum-Welch 算法能更快达到收敛，因此这种训练方法在保证原有算法精度的条件下具有训练速度更快的优点，训练时能用更少的迭代步数寻找到最优值。

3. PRSOV 的故障状态识别

根据本章中基于 HSMM 的故障状态识别流程，把待识别的测试数据代入模型库中进行故障状态识别，不同故障状态下的测试数据识别结果如表 7.2 所示。

表 7.2　HSMM 的故障状态识别结果

对数似然估计概率	故障状态 0 测试 1	故障状态 0 测试 2	故障状态 1 测试 1	故障状态 1 测试 2	故障状态 2 测试 1	故障状态 2 测试 2	故障状态 3 测试 1	故障状态 3 测试 2
$HSMM_0$	−17.647	−17.042	−325.156	−341.164	−378.655	−370.164	—	—
$HSMM_1$	−359.249	−364.189	−23.975	−25.256	−347.165	−342.785	−389.154	−394.454
$HSMM_2$	−425.189	−465.187	−378.156	−379.145	−34.265	−36.131	−278.487	−285.486
$HSMM_3$	—	—	−398.154	−400.564	−301.165	−298.575	−12.545	−14.543

根据对数似然估计概率的大小判断故障状态，其中输出值最大的即为当前的故障状态。从表 7.2 可以看出，所有的测试样本在其原本状态的 HSMM 中拥有最大的输出值，所以基于 HSMM 的故障状态识别率为 $8/8 \times 100\% = 100\%$。可见，基于 HSMM 的故障状态识别方法具有较好的识别效果。

7.5.2　故障预测

根据式 (7.18) 可知，系统的剩余有效寿命等于当前所处状态下驻留时间均值加上系统下一个故障状态下的剩余有效寿命。把调节关断活门 PRSOV 的全寿命历史数据作为 HSMM 的训练样本，使用本章的 HSMM 训练方法可以得到各个故障状态之间的转移概率矩阵以及每个故障状态的驻留时间均值和方差。故障状态转移概率和故障状态的期望驻留时间及均值和方差分别见表 7.3 和表 7.4。

表 7.3　PRSOV 开位故障四个故障状态的转移矩阵

故障状态类别	故障状态 0	故障状态 1	故障状态 2	故障状态 3
故障状态 0	0.9063	0.0937	0.0000	0.0000
故障状态 1	0	0.6955	0.3045	0.000
故障状态 2	0	0	0.9145	0.0855
故障状态 3	0	0	0	1

表 7.4　　PRSOV 开位故障四个故障状态的期望驻留时间

故障状态类别	故障状态 0	故障状态 1	故障状态 2	故障状态 3
均值	10.4515	7.1256	5.5483	5.4275
方差	1.2864	0.7256	0.6384	0.2548
d_i	10.4764	7.1456	5.5617	5.4924

以故障状态 1 的某一观测点数据为例，可以计算其故障状态识别概率，其处于故障状态 1 的概率为 0.8536，则根据剩余寿命的计算公式，系统的剩余寿命为

$$\text{RUL}(1) = 0.8536 \times 7.1456 + 5.5617 = 11.6612$$

参 考 文 献

[1] 张蓉. 民用飞机系统故障诊断测试性分析与评估技术研究 [D]. 南京: 南京航空航天大学, 2012.

[2] 刘春红. 基于可靠性的民机维修成本分析与优化研究 [D]. 南京: 南京航空航天大学, 2010.

[3] 梁吉军. 航空维修成本分析与控制研究: 结合山东航空公司实践 [D]. 天津: 天津大学, 2009.

[4] 顾晨轩. 基于系统原理和多信号流的飞机系统测试诊断方法研究 [D]. 南京: 南京航空航天大学, 2018.

[5] 田仲, 石君友. 系统测试性设计分析与验证 [M]. 北京: 北京航空航天大学出版社, 2003.

[6] 苏永定. 机电产品测试性辅助分析与决策相关技术研究 [D]. 长沙: 国防科学技术大学, 2004.

[7] GJB-2547-1995 装备测试性大纲 [M]. 北京: 国防技术工业委员会,1995.

[8] 张必歌. 基于测试的故障诊断方法研究 [D]. 长春:吉林大学, 2021.

[9] Bombardier. CSP B-053 CRJ700/CRJ900 Maintenance Review Bord Report[R]. Canada, 2001:58-70.

[10] Gould E. Modeling it both ways: hybrid diagnostic modeling and its application to hierarchical system designs[C]//Proceedings AUTOTESTCON 2004, San Antonio, TX 2004:576-582.

[11] Sheppard J W, Simpson W R. A mathematical model for integrated diagnostics[J]. IEEE Design & Test of Computers, 1991, 8(4): 25-38.

[12] Deb S, Pattipati K R,Raghavan V,et al.Multi-signal flow graphs: a novel approach for system testability analysis and fault diagnosis[J]. IEEE Aerospace and Electronic Systems Magazine, 1995, 10(5): 14-25.

[13] Haynes L, Levy R, Lin C, et al. Automatic generation of dependency models using autonomous intelligent agents[C]//Conference Record. AUTOTESTCON '96, Dayton, OH, 1996: 303-308.

[14] Nair R, Lin C J, Haynes L, et al. Automatic dependency model generation using SPICE event driven simulation[C]//Conference Record. AUTOTESTCON '96, Dayton, OH, 1996: 318-328.

[15] Fairfax R K, Lancaster T C, Hurlburt G F. Information technology and its impact on test and evaluation at the Naval Air Test Center[C]//1st Flight Test Conference, Las Vegas, NV. 1981.

[16] Wilkins B R, Shi C. Design guidelines and testability assessment[C]//Proceedings of 1993 IEEE International Conference on Computer Design ICCD'93, Cambridge, MA, 1993: 388-391.

[17] Simpson W R, Sheppard J W. System testability assessment for integrated diagnostics[J]. IEEE Design & Test of Computers, 1992, 9(1): 40-54.

[18] Simpson W R, Sheppard J W. Fault isolation in an integrated diagnostic environment[J]. IEEE Design & Test of Computers, 1993, 10(1): 52-66.

[19] Uddin Ahmed A, Cheng Z X, Saito S. Information flow model and estimations for services on the internet[C]//International Conference on Advanced Information Networking and Applications, Fukuoka, Japan, 2004: 499-505.

[20] Pattipati K R, Alexandridis M G. Application of heuristic search and information theory to sequential fault diagnosis[J]. IEEE Transactions on Systems, Man, and Cybernetics, 1990, 20(4): 872-887.

[21] Shakeri M, Raghavan V, Pattipati K R, et al. Sequential testing algorithms for multiple fault diagnosis[J]. IEEE Transactions on Systems, Man, and Cybernetics - Part A: Systems and Humans, 2000, 30(1): 1-14.

[22] Deb S, Domagala C, Shrestha R, et al. Model-based testability assessment and directed troubleshooting of shuttle wiring systems[J]. Proceedings of SPIE — The International Society for Optical Engineering, 2001, 4389(1): 163-173.

[23] Deb S, Ghoshal S, Malepati V, et al. Remote diagnosis of the international space station utilizing telemetry data[C]//Proceedings of the SPIE Aerosense Conference, Orlando, FL, 2001, 4389: 60-71.

[24] Simpson W R, Sheppard J W. A hierarchical approach to system-level diagnostics (avionics)[C]//9th IEEE/AIAA/NASA Conference on Digital Avionics Systems, Virginia Beach, VA, 2002: 254-259.

[25] Detex Systems, Inc. Testability throuth STAS[Z]. 1990.

[26] Franco Jr J R. Experiences gained using the Navy's IDSS weapon system testability analyzer[C]//AUTOTESTCON '88 IEEE International Automatic Testing Conference, 1988: 129-132.

[27] Rosenberg B J. The Navy IDSS program: adaptive diagnostics and feedback analysis-precursors to a fault prognostics capability[C]//Proceedings of the IEEE National Aerospace and Electronics Conference, Dayton, OH, 1989: 1334-1338.

[28] Pattipati K R, Raghavan V, Shakeri M, et al. TEAMS: testability engineering and maintenance system[C]//Proceedings of 1994 American Control Conference, Baltimore, MD, 1994: 1989-1995.

[29] 张士刚. 基于多信号模型的诊断策略优化与生成技术研究 [D]. 长沙: 国防科学技术大学, 2008.

[30] Bertsekas D P. Dynamic Programming: Deterministic and Stochastic Models[M]. New

Jersey: Prentice Hall, 1987.

[31] Shakeri M, Pattipati K R, Raghavan V, et al. Near-optimal sequential testing algorithms for multiple fault isolation[C]//Proceedings of IEEE International Conference on Systems, Man and Cybernetics, San Antonio, TX, 1994: 1908-1913.

[32] Tu F, Pattipati K R, Deb S, et al. Computationally efficient algorithms for multiple fault diagnosis in large graph-based systems[J]. IEEE Transactions on Systems, Man, and Cybernetics—Part A: Systems and Humans, 2003, 33(1): 73-85.

[33] Pattipati K R, Deb S, Dontamsetty M, et al. START: system testability analysis and research tool[C]//IEEE Conference on Systems Readiness Technology, 'Advancing Mission Accomplishment', San Antonio, TX, 1990: 395-402.

[34] Tsai Y T, Hsu Y Y. A study of function-based diagnosis strategy and testability analysis for a system[J].Journal of Mechanical Engineering Science, 2012, 226(1): 273-282.

[35] 杨鹏, 邱静, 刘冠军. 基于非独立测试的诊断策略优化生成 [J]. 国防科技大学学报, 2008, 30(1): 99-103.

[36] 杨鹏, 邱静, 刘冠军. 测试不可靠条件下的诊断策略优化方法 [J]. 仪器仪表学报, 2008, 29(4): 850-854.

[37] Pan J L, Ye X H, Xue Q. A new method for sequential fault diagnosis based on ant algorithm[C]//2009 Second International Symposium on Computational Intelligence and Design, Changsha, China, 2009: 44-48.

[38] Yang C L, Tian S L, Long B, et al. A test points selection method for analog fault dictionary techniques[J]. Analog Integrated Circuits and Signal Processing, 2010, 63(2): 349-357.

[39] 王宝龙, 黄考利, 张亮, 等. 基于混合诊断贝叶斯网络的测试性不确定性建模与预计 [J]. 弹箭与制导学报, 2013, 33(2): 177-181.

[40] 蒋荣华. 基于粒子群算法的电子系统可测性研究 [D]. 成都: 电子科技大学, 2009.

[41] 彭强. 复杂系统远程智能故障诊断技术研究 [D]. 南京: 南京理工大学, 2004.

[42] Willsky A S. A survey of design methods for failure detection in dynamic systems[J]. Automatica, 1976, 12(6): 601-611.

[43] 徐玲玲. 民机机电系统故障诊断研究 [D]. 南京: 南京航空航天大学, 2011.

[44] Nandi S, Toliyat H A. Condition monitoring and fault diagnosis of electrical machines-a review[C]//Conference Record of the 1999 IEEE Industry Applications Conference. Thirty-Forth IAS Annual Meeting (Cat. No.99CH36370), Phoenix, AZ, 1999: 197-204.

[45] Chiu C, Chiu N H, Hsu C I. Intelligent aircraft maintenance support system using genetic algorithms and case-based reasoning[J]. The International Journal of Advanced Manufacturing Technology, 2004, 24: 440-446.

[46] 武和雷. 集成智能故障诊断策略及其应用研究 [D]. 杭州: 浙江大学, 2003.

[47] 朱明. 基于信息熵的导航传感器故障诊断技术研究 [D]. 哈尔滨: 哈尔滨工程大学, 2010.

[48] 盛兆顺, 尹琦岭. 设备状态监测与故障诊断技术及应用 [M]. 北京: 化学工业出版社, 2003.

[49] Frank P M. Analytical and qualitative model-based fault diagnosis—A survey and some new results[J]. European Journal of Control, 1996, 2(1): 6-28.

[50] Isermann R. Process fault detection based on modeling and estimation methods—a survey[J]. Automatica, 1984, 20(4): 387-404.

[51] Kawabata K, Okina S, Fujii T, et al. A system for self-diagnosis of an autonomous mobile robot using an internal state sensory system: fault detection and coping with the internal condition[J]. Advanced Robotics, 2003, 17(9): 925-950.

[52] 闻新, 张洪钺, 周露. 控制系统的故障诊断和容错控制 [M]. 北京: 机械工业出版社, 1998.

[53] Ye H, Wang G Z, Ding S X. A new parity space approach for fault detection based on stationary wavelet transform[J]. IEEE Transactions on Automatic Control, 2004, 49(2): 281-287.

[54] 何正嘉, 訾艳阳, 孟庆丰, 等. 机械设备非平稳信号的故障诊断原理及应用 [M]. 北京: 高等教育出版社, 2001.

[55] Venkatasubramanian V, Rengaswamy R, Yin K, et al. A review of process fault detection and diagnosis: Part I: Quantitative model-based methods[J]. Computers & Chemical Engineering, 2003, 27(3): 293-311.

[56] Dunia R, Qin S J, Edgar T F, et al. Identification of faulty sensors using principal component analysis[J]. AIChE Journal, 1996, 42(10): 2797-2812.

[57] 陆胜, 刘锬. 基于知识的智能故障诊断方法和过程实现 [J]. 机床与液压, 2009, 37(1): 167-170.

[58] Gao Z W, Cecati C, Ding S X. A survey of fault diagnosis and fault-tolerant techniques—part II: fault diagnosis with knowledge-based and hybrid/active approaches[J]. IEEE Transactions on Industrial Electronics, 2015, 62(6): 3768-3774.

[59] 王红霞, 叶晓慧, 田树新. 复杂电子装备故障诊断建模方法研究 [J]. 武汉理工大学学报 (信息与管理工程版), 2007, 29(6): 62-64.

[60] Su Y, Ling Y Q, Wang H. Complex System Fault Diagnosis Method Based on CFFPN[C]//Proceedings of the 6th International Conference on Electronic Mechanical Information and Management Society, 2016, 40: 103-107.

[61] 周虹. 民用飞机故障诊断与故障风险评估的 TMSDG 方法研究 [D]. 南京: 南京航空航天大学, 2013.

[62] Low C B, Wang D W, Arogeti S, et al. Causality assignment and model approximation for hybrid bond graph: fault diagnosis perspectives[J]. IEEE Transactions on Automation Science and Engineering, 2010, 7(3): 570-580.

[63] 宫义山, 高媛媛. 基于故障树和贝叶斯网络的故障诊断模型 [J]. 沈阳工业大学学报, 2009, 31(4): 454-457.

[64] 刘应吉, 张天侠, 闻邦椿, 等. 基于自适应模糊推理系统的柴油机故障诊断 [J]. 系统仿真学报, 2008, 20(21): 5836-5839.

[65] 王秀娥. 基于粒推理方法的 SDG 故障诊断研究及应用 [D]. 太原: 太原理工大学, 2010.

[66] 刘庆杰, 王小英, 王茂发. 基于 BP 算法和 ACO 算法的故障诊断推理研究 [J]. 计算机测量与控制, 2012, 20(6): 1460-1462, 1466.

[67] 廖志辉. 基于模糊推理和 BP 神经网络的机械故障智能诊断系统的研发 [D]. 重庆: 重庆大学, 2004.

[68] 徐彪, 尹项根, 张哲, 等. 基于拓扑建模的电网故障诊断优化模型 [J]. 电网技术, 2018, 42(10): 3241-3248.

[69] 李朕玥. 基于 BP 神经网络的油浸式变压器故障诊断建模仿真研究 [J]. 电气技术与经济, 2019(1): 44-45, 59.

[70] 邓丰曼. 基于 UG 的液压机械臂建模与故障诊断方法研究 [J]. 液压气动与密封, 2021, 41(8): 69-71, 74.

[71] 徐德龙, 鲁剑锋, 窦伟, 等. 基于图论推理的高速铁路信号系统网络诊断方法研究 [J]. 铁道标准设计, 2021, 65(2): 153-158.

[72] 邱静, 刘冠军, 杨鹏, 等. 装备测试性建模与设计技术 [M]. 北京: 科学出版社, 2012.

[73] Johnson R A. An information theory approach to diagnosis[J]. IRE Transactions on Reliability and Quality Control, 1960, RQC-9(1): 35.

[74] 张志龙, 史贤俊, 秦玉峰. 基于改进准深度算法的诊断策略优化方法 [J]. 计算机科学, 2022, 49(S1): 729-732.

[75] 石君友, 田仲. 故障诊断策略的优化方法 [J]. 航空学报, 2003, 24(3): 212-215.

[76] 于劲松, 徐波, 李行善. 基于遗传算法的序贯诊断测试策略生成 [J]. 系统仿真学报, 2004, 16(4): 833-836.

[77] 杨鹏. 基于相关性模型的诊断策略优化设计技术 [D]. 长沙: 国防科学技术大学, 2008.

[78] 匡翠婷. 基于多信号流图模型的诊断策略优化技术研究 [D]. 郑州: 郑州大学, 2015.

[79] 闫军志. 永磁同步电机在线故障诊断策略研究 [D]. 哈尔滨: 哈尔滨工业大学, 2020.

[80] 杨朵. 燃料电池空气供给系统控制与故障诊断策略研究 [D]. 合肥: 中国科学技术大学, 2021.

[81] 王仁群. 汽车发动机电控系统故障诊断策略研究 [J]. 内燃机与配件, 2022, (1): 120-122.

[82] 蒋雪峰, 李强, 王绍帅, 等. 基于双绕组永磁容错电机驱动系统的强鲁棒性开路故障诊断策略研究 [J]. 中国电机工程学报, 2019, 39(15): 4550-4558.

[83] 田恒. 基于测试性 D 矩阵的故障诊断策略研究 [D]. 大连: 大连理工大学, 2019.

[84] 陈森发. 复杂系统建模理论与方法 [M]. 南京: 东南大学出版社, 2005.

[85] 杨叔子, 丁洪, 史铁林, 等. 基于知识的诊断推理 [M]. 北京: 清华大学出版社, 1993.

[86] Kramer M A. Malfunction diagnosis using quantitative models with non-boolean reasoning in expert systems[J]. AIChE Journal, 1987, 33(1): 130-140.

[87] Vedam H, Venkatasubramanian V. Signed digraph based multiple fault diagnosis[J]. Computers & Chemical Engineering, 1997, 21: S655-S660.

[88] Maurya M R, Rengaswamy R, Venkatasubramanian V. A signed directed graph and qualitative trend analysis-based framework for incipient fault diagnosis[J]. Chemical Engineering Research and Design, 2007, 85(10): 1407-1422.

[89] 左洪福, 蔡景, 王华伟, 等. 维修决策理论与方法 [M]. 北京: 航空工业出版社, 2008.

[90] Yang S M, Qiu J, Liu G J. Hierarchical model-based approach to testability modeling and analysis for PHM of aerospace systems[J]. Journal of Aerospace Engineering, 2014, 27(1): 131-139.

[91] Ma F, Song D, Wang C Q. A new testability model of electronic system and its application[C]//2010 International Conference on Computer Application and System Modeling (ICCASM 2010), Taiyuan, 2010: V10-516-V10-520.

[92] Su X, Wang C, Cai S. Testability modeling and analysis based on rough set[C]//International Conference on Computer Science and Service System, Nanjing, 2011:2653-2656.

[93] 刘永建. 基于改进神经网络的民机发动机故障诊断与性能预测研究 [D]. 南京: 南京航空航天大学, 2012.

[94] 张超. 飞机防滑刹车系统故障诊断研究 [D]. 长沙: 中南大学, 2008.

[95] 庄绪岩. 飞机航电系统故障分析方法与故障诊断系统研究 [D]. 广汉: 中国民用航空飞行学院, 2015.

[96] 曹文远. 基于神经网络的飞机故障诊断专家系统研究 [D]. 西安: 西北工业大学, 2007.

[97] 范作民, 白杰, 阎国华. Kohonen 网络在发动机故障诊断中的应用 [J]. 航空动力学报, 2000, 15(1): 89-92.

[98] 范作民, 孙春林, 林兆福. 发动机故障诊断的主特征量模型 [J]. 航空学报, 1990, 11(1): 37-45.

[99] 胡良权, 陈敏, 唐海龙, 等. 双轴分排涡扇发动机气路故障诊断测量参数选择方法 [J]. 航空动力学报, 2015, 30(8): 1853-1861.

[100] 张若青, 沈现军, 裘丽华. 飞机余度舵机系统鲁棒故障诊断 [J]. 控制理论与应用, 2001, 18(2): 205-209.

[101] 周元钧, 曹明. 模糊外展故障诊断方法在飞机电源系统中的应用 [J]. 航空学报, 1999, 20(4): 368-370.

[102] 黄续芳, 赵平, 冯铃, 等. 基于 Bi-GRU 模型的航空发动机外部液压管路故障诊断研究 [J]. 机床与液压, 2023, 51(11): 224-232.

[103] 张明川. 人工神经网络技术在民用涡扇发动机故障诊断中的应用 [J]. 航空工程与维修, 2000, (2): 29-31.

[104] 杨建国, 孙扬, 郑严. 基于小波和模糊神经网络的涡喷发动机故障诊断 [J]. 推进技术, 2001, 22(2): 114-117.

[105] Yang Z, Liu Z X, Zuo H F. A fault isolation expert system for engine indication and crew alerting system[J]. Transaction of Nanjing University of Aeronautics Astronautics, 1998, 15(1): 48-52.

[106] 宋兰琪, 汤道宇, 陈立波, 等. 航空发动机滑油光谱专家系统知识库建立 [J]. 航空学报, 2000, 21(5): 453-457.

[107] 石荣德, 赵廷弟, 屠庆慈, 等. 故障诊断专家系统 [J]. 北京航空航天大学学报, 1995, 21(4): 7-12.

[108] 何俊. 齿轮箱振动特性分析与智能故障诊断方法研究 [D]. 杭州: 浙江大学, 2018.

[109] 窦春红. 风电齿轮箱运行状态监测与故障诊断 [D]. 北京: 北京交通大学, 2019.

[110] 金国强. 基于深度学习的复杂工况下端到端的滚动轴承故障诊断算法研究 [D]. 合肥: 中国科学技术大学, 2020.

[111] 余萍. 基于智能技术的一类非线性系统故障诊断与预测方法研究 [D]. 兰州: 兰州理工大学, 2020.

[112] 周东华, 胡艳艳. 动态系统的故障诊断技术 [J]. 自动化学报, 2009, 35(6): 748-758.

[113] Narasimhan S, Brownston L, Burrows D. Explanation constraint programming for model-based diagnosis of engineered systems[C]//2004 IEEE Aerospace Conference Proceedings, Big Sky, MT, 2004: 3495-3501.

[114] Mathur A, Haste D, Domagala C. Application of a dependency-model-based health inference and troubleshooting strategy to a HUMS-enabled advanced maintenance concept[C]//AHS 59th Annual Forum, Phoenix, 2003.

[115] 刘鹏鹏, 左洪福, 苏艳, 等. 基于图论模型的故障诊断方法研究进展综述 [J]. 中国机械工程, 2013, 24(5): 696-703.

[116] 张旭, 魏娟, 赵冬梅, 等. 电网故障诊断的研究历程及展望 [J]. 电网技术, 2013, 37(10): 2745-2753.

[117] 杨健维. 基于模糊 Petri 网的电网故障诊断方法研究 [D]. 成都: 西南交通大学, 2011.

[118] 张晓艳, 李林, 王皎. 基于多信号模型的机载计算机测试性分析与验证 [J]. 信息通信, 2014, 27(7): 33-34.

[119] 杨其国. 基于多信号模型的现场可更换模块测试性建模与分析 [J]. 计算机测量与控制, 2016, 24(5): 35-38.

[120] Zhang L J. Research on fault diagnosis test sequence algorithm based on multi-signal flow graph model[C]//2017 Second International Conference on Reliability Systems Engineering (ICRSE), Beijing, 2017: 1-7.

[121] Tian L M, Lu C, Yu J S, et al. Test point optimization of control moment gyro (CMG) based on multi-signal flow model and improved genetic algorithm[C]//2015 12th IEEE International Conference on Electronic Measurement & Instruments (ICEMI), Qingdao, 2015: 422-425.

[122] Yang C L, Zhang S W, Tong C M, et al. Research on testability modeling with Bayesian network based on multi-signal flow model[C]//2013 IEEE 8th Conference on Industrial Electronics and Applications (ICIEA), Melbourne, VIC, Australia, 2013: 1870-1873.

[123] 刘敏行, 王斌龙. 基于 TEAMS 的测试性建模与分析 [J]. 现代导航, 2017, 8(4): 297-300.

[124] 欧爱辉. 一种基于多信号流图的雷达系统测试性建模分析方法 [J]. 兵工自动化, 2014, 33(4): 56-60.

[125] 尹亚兰, 李登. 基于多信号模型的某短通系统诊断策略设计 [J]. 舰船电子工程, 2014, 34(5): 111-113, 118.

[126] 张钊旭, 王志杰, 李建辰, 等. 基于多信号模型的鱼雷测试性建模方法 [J]. 水下无人系统学报, 2017, 25(5): 339-343.

[127] 刘允昊. 基于多信号流模型的故障诊断技术研究 [D]. 哈尔滨: 哈尔滨工业大学, 2020.

[128] 赵杰, 唐建立, 靳为东, 等. 基于多信号流图的测试性建模与分析方法 [J]. 电子制作, 2021, (14): 19-21.

[129] 韩露, 史贤俊, 翟禹尧, 等. 基于多信号流图模型的导弹系统级测试性设计研究 [J]. 电子测量与仪器学报, 2021, 35(5): 111-119.

[130] 杨新星, 秦赟, 奚俊, 等. 基于多信号相关性模型的 TMAS 测试性建模仿真分析技术 [J]. 雷达与对抗, 2021, 41(1): 1-6, 11.

[131] 孙智, 孙建红, 李冰月, 等. 基于分层多信号流图的飞机空调系统故障诊断 [J]. 振动测试与诊断, 2018, 38(1): 196-201, 215.

[132] IEEE-SA Standards Board. IEEE Std 1522—2004. IEEE Trial-Use Standard for Testability and Diagnose Characteristics and Metrics[S]. Piscataway: IEEE Standards Press, 2004.

[133] 赵文俊, 张强, 匡翠婷, 等. 多值测试诊断策略优化设计 [J]. 计算机测量与控制, 2015, 23(12): 3936-3939.

[134] 潘兴涛, 赵文俊. 基于霍夫曼编码的与或树启发式的多值测试算法研究 [J]. 科学技术创新, 2017(33): 15-16.

[135] Zheng B, Huang H Z, Guo W, et al. Fault diagnosis method based on supervised particle swarm optimization classification algorithm[J]. Intelligent Data Analysis, 2018, 22(1): 191-210.

[136] Lo K L, Ng H S, Trecat J. Power systems fault diagnosis using Petri nets[J]. IEE Proceedings - Generation, Transmission and Distribution, 1997, 144(3): 231.

[137] Lo K L, Ng H S, Trecat J. Extended Petri net models for fault diagnosis for substation automation[J]. IEE Proceedings - Generation, Transmission and Distribution, 1999, 146(3): 229.

[138] 周虹, 左洪福, 苏艳, 等. 多工况过程动态 SDG 故障诊断 [J]. 航空动力学报, 2012, 27(11): 2539-2546.

[139] Su Y, Liu P P. Multi-hierarchical functional directed graph modeling method for aircraft system fault diagnosis[J]. Applied Mechanics and Materials, 2014, 541-542: 1467-1472.

[140] 张鹏, 冉潇潇, 张锐. 基于粗糙集-FPN 的飞机 ADIRS 故障诊断 [J]. 测控技术, 2012, 31(7): 23-27.

[141] 陈艳, 于海库. 基于模糊推理 Petri 网的 A320 飞机偏航阻尼系统 [J]. 中国民航大学学报, 2008, 26(2): 43-45.

[142] 张鹏, 王婷婷, 俞利明. 改进的模糊 Petri 网在民航飞机故障诊断中的应用 [J]. 测控技术, 2011, 30(4): 70-73.

[143] 张鹏, 王婷婷, 俞利明. PFPN 在民航飞机故障诊断中的应用 [J]. 控制工程, 2011, 18(3): 483-486.

[144] 覃智勇, 曾会华. 基于模糊 Petri 网的飞机电力启动系统故障诊断 [J]. 中国科技信息, 2009(1): 64-65, 67.

[145] 梁光夏. 基于改进模糊故障 Petri 网的复杂机电系统故障状态评价与诊断技术研究 [D]. 南京: 南京理工大学, 2014.

[146] 程学珍, 王程, 于永进, 等. 一种基于模糊故障 Petri 网的三相异步电动机故障分析方法 [J]. 电工技术学报, 2015, 30(17): 132-139.

[147] 马良荔, 刘永葆, 汪丽华. 基于库所有色 Petri 网的故障诊断算法研究 [J]. 计算机应用研究, 2012, 29(3): 941-943, 949.

[148] 曾庆锋, 何正友, 杨健维. 基于有色 Petri 网的电力系统故障诊断模型研究 [J]. 电力系统保护与控制, 2010, 38(14): 5-11, 127.

[149] 钱文高, 马红岩, 耿宏. 动态重组子网的 Petri 网飞机虚拟维修过程建模与仿真 [J]. 计算机应用与软件, 2021, 38(7): 93-99.

[150] 王鹏. 复杂动态监控任务工作负荷的 Petri 网建模理论及方法研究 [D]. 北京: 北京交通大学, 2019.

[151] 胡涛, 马晨辉, 周晓柳婷, 等. 航天复杂系统的加权模糊 Petri 网故障诊断建模 [J]. 计算机集成制造系统, 2019, 25(10): 2580-2586.

[152] 徐彪, 尹项根, 张哲, 等. 计及拓扑结构的时间 Petri 网故障诊断模型 [J]. 中国电机工程学报, 2019, 39(9): 2723-2735.

[153] Mcdermott R E, Mikulak R J, Beauregard M R. The Basics of FMEA[M]. 2nd ed. Leiden: CRC Press, 2008.

[154] 郑寇全, 雷英杰, 王睿, 等. 基于 BP 算法的 IFPN 参数优化方法 [J]. 控制与决策, 2013, 28(12): 1779-1785.

[155] 汪惠芬, 梁光夏, 刘庭煜, 等. 基于改进模糊故障 Petri 网的复杂系统故障诊断与状态评价 [J]. 计算机集成制造系统, 2013, 19(12): 3049-3061.

[156] Chen J, Patton R J. Robust Model-based Fault Diagnosis for Dynamic Systems[M]. Boston: Springer, 1999.

[157] Tarifa E E, Scenna N J. A methodology for fault diagnosis in large chemical processes and an application to a multistage flash desalination process: part II[J]. Reliability Engineering & System Safety, 1998, 60(1): 41-51.

[158] 曹立军, 杜秀菊, 秦俊奇, 等. 复杂装备的故障预测技术 [J]. 飞航导弹, 2004(4): 23-27.

[159] 马硕, 焦现炜, 田柯文, 等. 故障预测技术发展与分类 [J]. 四川兵工学报, 2013, 34(2): 92-95, 116.

[160] 王子玲, 许爱强, 杨智勇. 装备故障诊断和预测技术综述 [J]. 火力与指挥控制, 2008, 33(S2): 8-10, 16.

[161] Malley M E . A Methodology for Simulating the Joint Strike Fighter's (JSF) Prognostics and Health Management System[M]. Biblioscholar, 2012.

[162] 彭宇, 刘大同, 彭喜元. 故障预测与健康管理技术综述 [J]. 电子测量与仪器学报, 2010, 24(1): 1-9.

[163] 范庚, 马登武, 邓力, 等. 基于灰色相关向量机的故障预测模型 [J]. 系统工程与电子技术, 2012, 34(2): 424-428.

[164] 李万领, 孟晨, 杨锁昌, 等. 基于改进灰色模型的故障预测研究 [J]. 中国测试, 2012, 38(2): 26-28.

[165] 韩东, 杨震, 许葆华. 基于数据驱动的故障预测模型框架研究 [J]. 计算机工程与设计, 2013, 34(3): 1054-1058.

[166] 胡海峰, 安茂春, 秦国军, 等. 基于隐半 Markov 模型的故障诊断和故障预测方法研究 [J]. 兵工学报, 2009, 30(1): 69-75.

[167] 张磊, 李行善, 于劲松, 等. 一种基于高斯混合模型粒子滤波的故障预测算法 [J]. 航空学报, 2009, 30(2): 319-324.

[168] 吕克洪, 程先哲, 李华康, 等. 电子设备故障预测与健康管理技术发展新动态 [J]. 航空学报, 2019, 40(11): 023285.

[169] 年夫顺. 关于故障预测与健康管理技术的几点认识 [J]. 仪器仪表学报, 2018, 39(8): 1-14.

[170] 韩恒贵. 基于深度学习的 IGBT 故障预测研究 [D]. 北京: 北京交通大学, 2019.

[171] 丛晓, 陈勇, 张光轶. 基于序列平均变化率的灰色模型故障预测方法 [J]. 中国电子科学研究院学报, 2021, 16(10): 1034-1037.

[172] 李磊, 李晓猛, 付一博, 等. 数据驱动的故障预测方法研究 [J]. 测控技术, 2022, 41(5): 66-74.

[173] 刘思峰, 党耀国, 方志耕, 等. 灰色系统理论及其应用 [M]. 5 版. 北京: 科学出版社, 2010.

[174] 龙凤, 薛冬林, 陈桂明, 等. 基于粒子滤波与线性自回归的故障预测算法 [J]. 计算机技术与发展, 2011, 21(11): 133-136, 140.

[175] Chorin A J, Tu X. An iterative implementation of the implicit nonlinear filter[J]. ESAIM: Mathematical Modelling & Numerical Analysis, 2012, 46(3): 535-543.

[176] 张宝珍. 预测与健康管理技术的发展及应用 [J]. 测控技术, 2008, 27(2): 5-7.

[177] 薛子云, 杨江天, 朱衡君. 机械故障预测模型综述 [J]. 机械强度, 2006, 28(S1): 60-65.

[178] Hess A, Fila L. The Joint Strike Fighter (JSF) PHM concept: potential impact on aging aircraft problems[C]//Proceedings, IEEE Aerospace Conference, Big Sky, MT, 2002: 6.

[179] Janasak K M, Beshears R R. Diagnostics to prognostics - A product availability technology evolution[C]//2007 Annual Reliability and Maintainability Symposium, Orlando, FL, 2007: 113-118.

[180] Patil N, Das D, Goebel K, et al. Identification of failure precursor parameters for Insulated Gate Bipolar Transistors (IGBTs)[C]//2008 International Conference on Prognostics and Health Management, Denver, CO, 2008: 1-5.

[181] 曾声奎, Michael G.Pecht, 吴际. 故障预测与健康管理 (PHM) 技术的现状与发展 [J]. 航空学报, 2005, 26(5): 626-632.

[182] 左宪章, 康健, 李浩, 等. 故障预测技术综述 [J]. 火力与指挥控制, 2010, 35(1): 1-5.

[183] 徐章遂, 房立清, 王希武, 等. 故障信息诊断原理及应用 [M]. 北京: 国防工业出版社, 2000.

[184] 孙海东. 民航机务交互式电子技术手册 (IETM) 技术应用研究 [D]. 西安: 西北工业大学, 2005.

[185] 李雄, 徐宇昌.CALS 在武器装备信息化建设中的应用 [J]. 国防技术基础, 2005,(2): 16-18.

[186] 吴家菊, 纪斌, 马永起, 等. 交互式电子技术手册的技术发展与应用研究 [J]. 电脑与信息技术, 2017, 25(4): 1-5, 17.

[187] 李宗亮, 顾宗磊, 姜莉莉. IETM 技术在设备维修信息化中的应用研究 [J]. 机床与液压, 2008, 36(2): 151-153.

[188] 朱兴动, 等. 武器装备交互式电子技术手册——IETM[M]. 北京: 国防工业出版社, 2009.

[189] 王学奇, 肖明清, 周越文. 交互式电子技术手册及其应用研究 [J]. 计算机工程, 2002, 28(5): 227-229, 254.

[190] 徐宗昌. 装备 IETM 研制工程总论 [M]. 北京: 国防工业出版社, 2012.

[191] Artamonov E I, Balabanov A V, Romakin V A. Structured design of interactive electronic technical manuals based on virtual reality means[J]. IFAC Proceedings Volumes, 2013, 46(9): 1114-1118.

[192] 李海瑞, 景小宁, 左伟. 基于 PDA 的交互式电子技术手册研究 [J]. 兵工自动化, 2008, 27(2): 94-96.

[193] Link W R, Von Holle J C, Mason D. Integrated Maintenance Information System (IMIS): A Maintenance Information Delivery Concept[C]//First Annual Workshop on Space Operation Automation and Robotics, Texas, 1987.

[194] 吴松林, 韩景偶. 基于集成维修信息的数据融合及应用 [J]. 空军工程大学学报 (自然科学版), 2001, 2(4): 4-7.

[195] 李永杰, 肖斌, 汪厚祥. 装备维修保障信息共享与集成应用的实现 [J]. 武汉理工大学学报 (信息与管理工程版), 2011, 33(3): 443-446, 463.

[196] 黎汉军, 孙清磊, 阳斌. 舰船维修信息集成管理与数据运用 [J]. 船舶工程, 2015, 37(5): 82-85, 93.

[197] 袁侃, 胡寿松. 基于本体的飞机舵面结构故障诊断方法 [J]. 系统工程理论与实践, 2012, 32(8): 1826-1830.

[198] 卞朝晖. 基于本体的大型复杂设备维修案例知识管理 [J]. 鄂州大学学报, 2015, 22(6): 26-29.

[199] 柯倩云, 李青, 孙勇. 基于本体的故障案例信息抽取方法研究 [J]. 北京航空航天大学学报, 2015, 41(6): 1080-1086.

[200] 周扬, 李青. 飞机故障知识的本体建模及语义检索 [J]. 计算机工程与应用, 2011, 47(16): 12-15, 31.

[201] 王冲, 王子健. A320 飞机气源系统电磁恒温器典型故障分析与排故探讨 [J]. 航空维修与工程, 2021(9): 84-87.

[202] 徐恩华. 案例教学法在空客 A320 飞机模拟机排故训练课程中的设计与实践 [J]. 内江科技, 2020, 41(5): 51-52.

[203] 郑明俊, 施浩, 张嵩逸. 基于 VR/AR 的飞机起落架排故与分析 [J]. 电脑知识与技术, 2019, 15(15): 248-249.

[204] 雷杨, 刘庆. 基于外站排故的航企共享经济维修模式探索 [J]. 民航学报, 2020, 4(1): 57-60, 28.

[205] 薛力寅, 左洪福, 苏艳. 民机故障诊断方法介绍 [J]. 电脑知识与技术, 2011, 7(28): 7061-7062.

[206] Kapur K C, Pecht M G. Reliability Engineering[M]. Hoboken: Wiley, 2014.

[207] 王宝龙, 黄考利, 马立元, 等. 基于依赖矩阵的测试性分析 [J]. 计算机测量与控制, 2011, 19(6): 1260-1262, 1265.

[208] 杨智勇, 许爱强, 牛双诚. 基于多信号模型的系统测试性建模与分析 [J]. 工程设计学报, 2007, 14(5): 364-368, 394.

[209] 林志文, 刘松凤, 杨士元. 基于 D 矩阵的舰船电子装备综合诊断方法 [J]. 海军工程大学学报, 2009, 21(4): 87-91.

[210] 王璐. 随机 DBPSO-AO* 测试性分析算法研究 [D]. 南昌: 江西农业大学, 2011.

[211] 王丽丽, 林海, 包亮, 等. 基于 DPSO-AO* 算法系统测试序列优化问题研究 [J]. 测控技术, 2019, 38(5): 13-17, 22.

[212] 程杰, 李勇, 任伟. 改进粒子群算法在防空火力分配中的应用 [J]. 兵工自动化, 2008, 27(4): 10-11, 14.

[213] 张蓉. 民用飞机系统故障诊断测试性分析与评估技术研究 [D]. 南京: 南京航空航天大学, 2012.

[214] Su Y, Zhang R B. Test strategy optimization method for aircraft system fault diagnosis[J]. WIT Transactions on Modelling and Simulation, 2014, 60: 741-748.

[215] 张勇, 邱静, 刘冠军, 等. 面向测试性虚拟验证的功能-故障-行为-测试-环境一体化模型 [J]. 航空学报, 2012, 33(2): 273-286.

[216] 张勇. 装备测试性虚拟验证试验关键技术研究 [D]. 长沙: 国防科学技术大学, 2012.

[217] Simpson W R, Sheppard J W. System Test and Diagnosis[M]. Boston: Springer, 1994.

[218] 刘珊珊, 吕超. 改进信息熵算法的最优测试序列生成方法 [J]. 电子测量技术, 2013, 36(12): 28-31.

[219] Su Y, Liang X R, Gu C X, et al. A multivalued test and diagnostic strategy optimization method for aircraft system fault diagnosis[C]//2019 IEEE International Conference on Prognostics and Health Management (ICPHM), San Francisco, CA, 2019: 1-6.

[220] 刘远宏. 基于双重 Rollout 算法的多工作模式系统诊断策略优化 [J]. 控制与决策, 2019, 34(1): 219-224.

[221] 赵剑. 混成系统基于模型诊断的若干问题研究 [D]. 长春: 吉林大学, 2012.

[222] 袁崇义. Petri 网应用 [M]. 北京: 科学出版社, 2013.

[223] 赵志刚, 吕慧显, 钱积新. 新型 Petri 网故障诊断算法研究 [J]. 计算机工程与应用, 2003, 39(1): 86-87, 160.

[224] 李妮. 高级模糊 Petri 网理论及其应用研究 [J]. 现代信息科技, 2021, 5(18): 120-123.

[225] 凌益琴. 基于故障传播机理与 Petri 网的飞机系统故障诊断技术研究 [D]. 南京: 南京航空航天大学，2017.

[226] 胡严思. 基于 FTA 和 BAM 神经网络的飞机故障诊断系统研究 [D]. 长沙: 湖南大学, 2012.

[227] 李洋, 乐晓波. 基于模糊 Petri 网学习能力问题的最优化算法 [J]. 计算机应用与软件, 2010, 27(11): 127-130.

[228] 张善兴, 何金凝, 杜志敏, 等. 基于遗传算法-误差反传神经网络的变风量空调系统空调箱故障诊断 [J]. 制冷技术, 2019, 39(5): 15-21.

[229] Su Y, Wang H, Wang J J, et al. A three-dimensional information flow modeling method for integrated fault diagnosis and maintenance of complex system[C]//2019 Prognostics and System Health Management Conference (PHM-Paris), Paris, 2019: 51-56.

[230] Su Y. Semiquantitative SDG graphical modeling for complex system fault diagnosis[J]. Applied Mechanics and Materials, 2012, 152/153/154: 1601-1606.

[231] Vedam H, Venkatasubramanian V. Signed digraph based multiple fault diagnosis[J]. Computers & Chemical Engineering, 1997, 21: S655-S660.

[232] 王顺, 康达周, 江东宇. 本体映射综述 [J]. 计算机科学, 2017, 44(9): 1-10.

[233] 黄烟波, 张红宇, 李建华, 等. 本体映射方法研究 [J]. 计算机工程与应用, 2005, 41(18): 27-29, 33.

[234] Pan R, Ding Z L, Yu Y, et al. A Bayesian network approach to ontology mapping[C]//The Semantic Web-ISWC 2005, Berlin, Heidelberg, 2005: 563-577.

[235] Ehrig M, Euzenat J. Relaxed precision and recall for ontology matching[C]// Workshop on Integrating Ontologies, Banff, Canada, 2005.

[236] Su Y, Liang X R, Wang H, et al. A maintenance and troubleshooting method based on integrated information and system principles[J]. IEEE Access, 2019, 7: 70513-70524.

[237] Gruber T R. A translation approach to portable ontology specifications[J]. Knowledge Acquisition, 1993, 5(2): 199-220.

[238] Studer R, Benjamins V R, Fensel D. Knowledge engineering: principles and methods[J]. Data & Knowledge Engineering, 1998, 25(1/2): 161-197.

[239] 胡鹤, 刘大有, 王生生. Web 本体语言 OWL[J]. 计算机工程, 2004, 30(12): 1-2, 47.

[240] Carroll J J, Phillips A. Multilingual RDF and owl[M]//Lecture Notes in Computer Science. Berlin, Heidelberg: Springer, 2005: 108-122.

[241] 杨剑峰. 蚁群算法及其应用研究 [D]. 杭州: 浙江大学, 2007.

[242] 周薇, 李筱菁. 基于信息熵理论的综合评价方法 [J]. 科学技术与工程, 2010, 10(23): 5839-5843.

[243] 龚伟. 基于信息熵和互信息的流域水文模型不确定性分析 [D]. 北京: 清华大学, 2012.

[244] Chen C T, Tai W S. An information push-delivery system design for personal information service on the Internet[J]. Information Processing & Management, 2003, 39(6): 873-888.

[245] 陈琨. 基于查询重写和关联搜索的本体查询算法 [D]. 青岛: 中国海洋大学, 2008.

[246] 张韧. 旋转机械故障特征提取技术及其系统研究 [D]. 杭州: 浙江大学, 2004.

[247] Widodo A, Yang B S. Application of nonlinear feature extraction and support vector machines for fault diagnosis of induction motors[J]. Expert Systems with Applications, 2007, 33(1): 241-250.

[248] 刘勤明. 基于状态监测信息的设备在线健康预测及维护优化研究 [D]. 上海: 上海交通大学, 2014.

[249] 廖广纯. 数据驱动的设备健康评估与维修决策 [D]. 武汉: 华中科技大学, 2016.

[250] 季云, 王恒, 朱龙彪, 等. 基于 HMM 的机械设备运行状态评估与故障预测研究综述 [J]. 机械强度, 2017, 39(3): 511-517.

[251] 常艳华. 基于数据驱动模拟电路故障预测算法实现与软件开发 [D]. 成都: 电子科技大学, 2015.

[252] 金希东. 遗传算法及其应用 [D]. 成都: 西南交通大学, 1996.

[253] 张凯, 钱锋, 刘漫丹. 模糊神经网络技术综述 [J]. 信息与控制, 2003, 32(5): 431-435.

[254] 田漪, 辛开远. 模糊推理与神经网络、遗传算法在系统预测中的应用 [J]. 河北北方学院学报 (自然科学版), 2005, 21(5): 1-5.